KB050618

<한국해양전략연구소 총서 102>

해양전략 지침서

A Brief Guide to Maritime Strategy

James R. Holmes 지음

조동연 옮김

박영사

차 례

제 3 장 해군의 역할

추천사

"해양 우세를 위한 기본구상(A Design for Maintaining Maritime Superiority)" 2.0을 통해 미 해군이 지향하는 "최종 상태(end state)"는 우세한 해군을 건설하는 것입니다. 이를 위해서 우리는 최고의 장비로 무장된 뛰어난 지도자와 병력을 지속적으로 배출하고 경쟁자들에 비해 신속하게 배우고 적응할 수 있는 역량을 갖추어야 합니다. 이러한 목표를 달성하기 위해 해군, 해병대 및 해안경비대는 과학기술, 역량 및 규모 면에서 "준경쟁자"의 군과 맞서 경쟁하고 승리를 달성해야 하며, 이 과정은 종종 경쟁국의 영해에서 가시화될 가능성이 높습니다. 궁극적으로 최종 상태를 달성하기 위해 고민해야 할 부분은 이뿐만이 아닙니다.

우리는 이러한 목표를 달성함에 있어 거시적인 시각과 함께 미시적인 부분에도 세심한 관심을 기울여야 합니다. 예를 들어, 실제로 지도자와 병력을 배출하기 위해서는 병력을 모집하고 교육하며 훈련을 시킴과 동시에 이를 유지하는 과정을 거쳐야 합니다. 또한 혁신적인 연구개발, 전투실험, 생산 및 실전배치를 통해 실제 야전에서 사용 가능한 장비와 물자를 지급해야 합니다. 무엇보다 중요한 점은 이러한 병력과 장비를 특정 경쟁자의 역량, 정치, 과학기술 및 지형 등에 대입시켜 보는 것입니다. 일부 공통분모는 있겠으나 모든 상황에 천편일률적으로 적용하는 것은 가능하지 않습니다. 미 해군이 궁극적으로 정치적 목표를 뒷받침하기 위해서는 각 경쟁자에 맞춰 정교하게 발전된 계획이 필요하며, 이것이 바로 전략입니다.

오늘날 명확한 전략적 사고의 필요성은 자명합니다. 해군이 보다 발전하고 한 걸음 나아가기 위해서는 공통적으로 적용할 수 있는 일종의 기준이 필요합니다. 이러한 기준은 전략적 이점을 달성하기 위한 일련의 행동 방책을 식별하고 토론하기 위해 그 시작이 되는 관점이자 용어를 뜻합니다. 이는 막 임관한 소위와 중위로부터 제독과 장군에 이르기까지 모든 장교라면 이러한 전략적 관점과 용어에 익숙해져야 한다는 의미이기도 합니다. 본인은 홈즈 교수가 이 책을 통해 우리 해군이 전략적 관점과 용어를 익히고 유창하게 구사할 수 있도록 큰 역할을 했다고 생각합니다.

홈즈 교수는 알프레드 세이어 머핸(Alfred Thayer Mahan)과 줄리안 콜벳(Julian Corbett)을 비롯한 많은 해양전략 대가들의 핵심 이론을 이해하기 쉬운 방식으로 소개하고 있습니다. 이를 통해 미국의 해군 장교, 특히 초급장교들이 전술 전문가가 되기 위한 본연의 임무를 수행하면서 보다 전략적인 분야에 대한 실무 지식을 얻는 데 큰 도움이 될 것이라고 믿습니다. 젊은 장교들의 역동성과 열정에 해양전략에 대한 지식이 더해진다면 우리 해군, 해병대 및 해안경비대가 경쟁자를 압도하고 개방적이고 접근 가능한 규칙 기반의 세계 질서를 확보하는 데 크게 기여할 수 있을 것이라 확신합니다.

존 M. 리처드슨(JOHN M. RICHARDSON)
미합중국 해군(예비역)

머리말: 평생의 업

이 책은 유년시절의 나를 위한 지침서와도 같다. 1987년 밴더빌트 대학교 해군 학군단을 갓 졸업한 나는 직업군인의 세계에 대해서는 아는 것이 없는 풋내기와도 같았다. 그러나 그러한 상태가 그리 오래가지 않았는데 그도 그럴 것이 나를 비롯하여 새로 임관한 모든 해군 장교들은 전술적 수준의 전문지식과 기술 분야에 대해 끊임없는 교육을 받았기 때문이다. 그러나 교육을 받으면서도 늘 무언가 빠진 것 같다는 생각이 들었다. 그것은 바로 해군장교로 7대양을 누비며 화포를 쏘고 타지에서 외국인들과 어울려 생활하는 등 이 모든 활동을 해야 하는 목적에 대한 교육이었다. 당시 훈련은 행정, 장비 유지 및 보수 그리고 경계 근무 등 일상적인 업무를 넘어서는 주제에 대해서는 다루지 않았던 것이다. 함대에 배정된 이후에도 이러한 사정은 크게 달라지지 않았다. 오히려 정반대였다고 표현하는 게 맞을 것이다. 눈코 뜰 새 없이 바쁜 해상 근무로 인해 나는 스스로 공부할 수 있는 시간은 고사하고 책을 읽을 수 있는 여유조차 없었다.

이러한 경험을 꺼내는 것은 당시 미 해군의 교육을 비판하고자 함이 아니다. 전술적 수준에 치우친 훈련은 단지 미 해군만의 문제도 아니다. 현존하는 전 세계 모든 해군에서 공통적으로 볼 수 있는 상황이다. 영국 수상이자 해군 장관을 두 번이나 역임한 윈스턴 처칠(Winston Churchill)은 증기 시대 영국 왕립해군의 전략적 지식과 통찰력 수준에 대해 통탄을 금치 못했다. 그는 "해군은 임무 특성상 교육과 훈련이 항해와 기술적인 분야에 치우칠 수밖에 없는데, 이는 향후 반드시 필요한 군의 역사와 전쟁술 전반에 걸친 폭넓은 연구를 할 수 있는 폭을 크게 제한한다"라며 한탄하기도 했다.[1] 당시와 같이 현재에도 해전은 매우 기술 집약적인 분야이다. 단지 달라진 점이 있다면 과거 해군은 증기 공학, 포술 및 사격 통제 등의 분야에 대해 연구해야 했고, 오늘날에는 이에 더해 미사일 및 항공 기술, 첨단 센서 및 컴퓨터 그리고 사이버 전쟁 및 인공 지능과 같은 복잡한 분야까지도 이해해야 한다는 것이다. 처칠 시대와 마찬가지로 해군에 막 입문한 나와 같은 초급장교가 이 모든 분야를 섭렵하기에는 가혹하리 만큼 시간이 부족하다.

이 책은 이렇게 늘 부족한 시간에 허덕이는 초급장교들을 위한 입문서이다. 다른 모든 입문서가 그렇듯 이 책 역시 매우 짧다. 마크 트웨인(Mark Twain)은 짧은 글을 쓸 시간이 없어 긴 연설문을 썼다고 재치 있게 말한 적이 있는데, 이를 통해 트웨인이 전하고자 한 메시지는 아마도 두서없는 긴 글을 쓰기보다 핵심을 파고드는 짧은 글을 쓰는 것이 더 어렵다는 뜻이 아닐까 한다(불필요한 글을 정리하는 데 더 많은 노력이 필요하다는 것을 의미하기도 한다). 아무튼 나는 이 책을 통해 해양전략의 기초를 집약하여 설명하고자 했다. 해양전략과 관련하여 큰 꿈을 키우고 있는 초급장교, 국회보좌관, 막 학위를 끝낸 대학원생이 몇 시간 만에 읽고 이해할 수 있는 책 말이다. 작전적 수준의 임무에 대한 이해를 높임과 동시에 추후 중간관리자로서 군사연구기관이나 민간대학교에 입학하여 관련 주제에 대해 보다 심도 있는 공부를 할 수 있게 준비하는 과정에서 이 책이 조금이나마 도움이 되길 바란다.

책에 대한 설명은 이만하면 거의 다 한 것 같다. 지금부터는 이 책이 담고 있지 않은 부분에 대해 설명하고자 한다. 첫째, 이 책은 해양전략에 대한 모든 내용을 담고 있지 않다. 해양전략은 "대"전략(grand strategy)의 한 줄기다. 이는 미국과 같은 대외 및 무역 지향적인 국가의 최고 지도부가 국가 목표를 수립하고 예산을 마련하며 외교, 경제 및 군사자원을 투입하는 등의 전략을 세우는 데 도움을 준다. 동시에 해양전략은 더 광범위한 전략 범위에서 바라보았을 때 보조적인 역할을 수행한다. 혹 이 책을 읽는 독자들 가운데 지상전, 공군력, 사이버전 또는 해상 무역, 상업 및 군사에 대한 설명을 기대했다면 실망할지도 모른다. 이러한 주제들 역시 모두 중요하며 최근 들어 그 중요성이 더욱 커졌으나, 이 책은 짧고 이해하기 쉽게 쓰는 것을 목표로 하기 때문에 다루지 않았다. 어떤 내용을 포함시키고 제외시킬 것인지에 대해 결정하는 것은 결코 쉬운 과정이 아니었음을 밝힌다.

그렇기 때문에 이 책은 전략적 내용의 상당 부분을 다루고 있지 않다. 예를 들어, 미국 군사 전문 교육기관들이 역사적으로 최고의 전략가라고 손꼽는 프로이센 군인 카를 폰 클라우제비츠(Carl von Clausewitz)나 중국 전략가 손무(Sun Tzu)에 대한 내용 역시 깊게 다루고 있지 않다. 그들이 역사상 뛰어난 전략가임에는 틀림없으나 해양전략에 대해서는 특별히 언급할 내용이 없기 때문이다. 같은 이유로 인도의 이론가 카우틸랴(Kautilya)나 중국 군사전략의 핵심으로 남아있는 "적극 방어(active defense)" 개념을 주창한 마오쩌둥(Mao Zedong) 역시 이 책에서 다루고 있지 않다. 따라서 이 책을 해양전략이라는 분야를 처음으로 접하고 이를 바탕으로 추후 보다 심도 있는 연구를 수행하기 위한 하나의 시작점으로 활용해 주길 바란다.

둘째, 전략과 마찬가지로 이 책은 전술에 대해서도 다루고 있지 않다. 단도직입적으로 말하자면, 나는 이 책을 내가 생도시절 출판된 웨인 휴스(Wayne Hughes) 대령의 **함대 전술**(*Fleet Tactics*)이란 서적과 함께 읽어야 한다고 생각한다.[2] 휴스 대령은 그의 책을 통해 상선과 군함이 왜 위험을 무릅쓰고 대양을 가로지르는지에 대한 이유를 암시적으로 보여준다. 또한 그는 위기 또는 전시에 각 개인이 전술적으로 어떻게 행동해야 하는지에 대해 설명한다. 전략과 전술에 대한 이해를 대체할 만한 것은 없다. 결국 전술에 대한 이해가 없는 전략가들이나 정책가들은 전술부대가 이해하지도 못하는 정책과 전략을 내놓기도 한다. 전략이라는 개념에 익숙지 않은 전술가들은 최고 지도부로부터 하달된 임무에 대해 막연하게 짐작만 할 수 있을 뿐이다. 더 큰 목표에 대한 이해 없이 수행한 임무의 성과가 좋을 리 만무하다. 요컨대 전략적 그리고 전술적 단계 사이에서 발생하는 격차의 폐해는 이보다 더 크다. 이러한 격차를 줄이는 것이 군사 교육의 핵심이다.

셋째, 나는 해양전략에 관한 모든 지식을 총망라하고자 이 책을 쓴 것이 아니다. 머핸이나 콜벳과 같은 선구자들이 해양에 대해 연구한 내용들을 담고자 했지만 모든 내용을 담지는 못했다. 머핸은 저술한 책 목록만 정리해도 한 권의 책이 될 정도로 그 양과 범위가 방대하다.[3] 콜벳의 경우 저술한 책의 양은 머핸에 미치지 못하지만 그 안에 담고 있는 통찰력만큼은 머핸을 능가하고도 남는다. 대신 이 책에는 해양전략에 대해 25년간 연구하고 이를 바탕으로 해석한 나의 견해를 담았다. 나는 해양전략을 연구함에 있어 이른바 "플러그 앤 플러그(plug-and-play) 방식"을 취한다. 예를 들어 정치적, 전략적 목적에 대한 통찰력을 얻기 위해서는 머핸의 글을 참고하지만, 해양력을 사용하는 방법에 관한 가르침을 얻기 위해서는 다른 글을 참고하는 것이다. 모든 학자가 이와 같은 방식에 동의하지는 않을 거라 생각한다.

그러므로 이 책을 읽고 있는 여러분은 해양분야에서 경력을 쌓아가는 과정에서 고전을 탐독하고 스스로 판단할 수 있는 능력을 길러야 한다. 혹 독자들 가운데 이러한 의견에 동의하지 않을 수도 있겠으나 나는 그러한 경우에도 전혀 문제될 것이 없다고 본다. 사실상 창조적인 불화는 군 입장에서 오히려 도움이 된다고 생각하기 때문이다. 특정 행동 방책에 대해 토론하면서 그러한 방책의 강점, 약점 및 오류를 보다 명백하게 파악할 수 있으므로 주어진 상황에서 행동해야 하는 방책의 전반에 대한 이해를 용이하게 한다. 이로써 지휘관 또는 정치적 지도자들이 최대한으로 가용한 정보와 통찰력을 바탕으로 결정을 내릴 수 있다. 또한 조직 전반적인 시각에서 보면 조직은 이러한 과정을 거치면서 급속한 변화 속에서도 민첩하게 새로운 시각을 견지할 수 있기 때문이다.

필자가 생각하는 이 책을 최대한 활용하여 자기 것으로 만들 수 있는 방법은 미주를 참조하는 것이다. 미주를 참고하도록 강조하는 이유는 단순히 학문적 청렴성에서 기인하기보다 이 책을 보충할 수 있는 참고서를 제공하기 위함이다. 다양한 참고서를 읽음으로써 해양전략을 처음 접하는 사람들이 본인 스스로 흥미로워하는 분야와 향후 경력에 도움이 될 수 있는 분야가 무엇인지 이해하는 데 도움이 되기 때문이다. 참고 문헌을 찾아 인용된 구절을 읽고 그 내용이 나를 어디로 이끄는지 살펴보면 향후 나아갈 방향성을 찾는 데 분명히 도움이 될 거라 믿는다.

클라우제비츠에 대해 제1장에서 다룰 예정이지만 그럼에도 여기서 잠깐 소개를 하는 것이 적절할 것 같아 몇 마디를 남기고자 한다. 전략은 단순히 승리를 보장할 수 있는 매뉴얼, 공식 또는 체크리스트를 작성하는 것이 아니다. 군이라는 직업을 이렇게 단순하게 생각한다면 그것은 무지에서 비롯된 발상이며 패배하는 지름길이다. 그는 전략이론이 누군가 매번 새롭게 전략의 구성요소를 정리하고 개발할 소요를 없도록 하는데 그 "존재" 목적과 가치가 있다고 말한다.[4] 이론은 누구나 참고할 수 있는 참조점을 제공하기 때문에 이를 알면 장교와 공무원은 클라우제비츠, 머핸, 콜벳과 같은 위대한 사상가들이 이미 생각한 문제를 처음부터 다시 생각하지 않아도 된다.

클라우제비츠는 전략과 군 역사에 대해 읽는다는 것이 "미래 지휘관이 될 준비를 하는 것, 더 정확하게는 독학을 통해서 깨우쳐 나가는 것이다 … 이는 흡사 지혜로운 교사가 젊은이의 지적 발전을 지도하고 자극하되 평생 그의 손에 좌지우지되지 않도록 주의하는 것과 같다"(필자 강조)라고 말했다.[5] 클라우제비츠의 말은 놀랍도록 현대적으로 들린다. 오늘날 학자들은 졸업생들이 학교를 졸업한 후 스스로 읽고 공부하는 "평생 학습"의 중요성에 대해 끊임없이 강조한다. 평생 학습에는 끝이 없기 때문이다.

이러한 슬로건이 만들어지기 수십 년 전에 이미 평생 학습의 미덕을 파악했던 클라우제비츠에 비하면 후세는 더욱 노력해야 할 것이다. 이 책을 통해 후배들은 필자보다 일찍 공부하고 클라우제비츠가 그토록 강조했던 평생 학습을 할 수 있다면 이보다 더 큰 보람이 없을 것이다. 마지막으로 이 책의 모든 견해는 오롯이 필자의 것임을 밝힌다.

역자 서문

짐작건대 이 책을 읽는 여러분은 이제 막 군문에 들어섰거나 해양전략 분야의 신진학자로서 각자의 여정을 찾아 고민하고 있을 것이다. 군인이든 국방분야를 연구하는 학자이든 국방과 전략이라는 쉽지 않은 분야를 택한 여러분에게 가장 중요한 것은 결코 방향을 잃거나 지치지 않는 것이다. 저자는 이 책을 해군 학군단을 갓 졸업한 유년시절의 자신을 위한 지침서와 같다고 했다. 어려운 국방정책을 나열하거나 이해하기 어려운 군사용어를 설명하려 들지도 않는다. 저자의 시선은 이보다 훨씬 깊고 근본적인 역사를 향해 항해한다. 동시에 머핸이나 콜벳과 같은 선구자들이 남긴 해양전략에 대해 이해하기 쉬운 용어로 이제 막 직업군인의 세계에 발을 들인 후배들을 따뜻하게 안내한다. 그러면서도 전략적 지식과 통찰력을 갖추기를 게을리하지 않도록 따끔한 충고도 잊지 않는다. 역자가 초급장교 시절 이러한 조언을 해줄 수 있는 선배가 있었다면 군생활 아니 삶의 궤적이 얼마나 달라졌을까 생각해 본다. 이러한 의미에서 역자는 이 책을 책장 한 켠에 놓아 둘 것이 아니라 주머니에 넣고 다니면서 틈틈이 공부할 것을 추천한다. 동시에 저자가 강조한 바와 같이 미주(Notes)를 참고하여 참고문헌을 찾아 읽으면서 그 구절이 이끄는 방향을 살펴보기를 바란다. 일반적으로 번역서는 원서의 색인(Index)을 그대로 삽입하지 않지만 학업에 도움이 되고자 QR코드로 만들어 삽입하는 방식을 택했음을 밝혀 둔다. 마지막으로 줄곧 숨 가쁘게 돌아가는 소용돌이 한가운데에서도 한반도와 그 너머의 평화와 안정을 지키는 것은 오롯이 여러분들의 고민, 열정 그리고 땀이다. 번역의 기회를 주신 한국해양전략연구소, 편집의 시작부터 끝까지 애써주신 박영사 편집부 사윤지 선생님 그리고 부족한 번역을 꼼꼼하게 감수해 주신 박주현 함장님께 감사의 인사를 드린다. 평화가 안착하는 그날까지 끝나지 않을 고된 여정에 이 책이 유용한 길잡이가 되면 좋겠다. 졸역의 책임은 모두 옮긴이에게 있음을 밝힌다.

제1장

해양력은 어떻게 발전시킬 수 있을까

제 1 장
해양력은 어떻게 발전시킬 수 있을까

해양전략은 해양과 관련된 목적을 달성하기 위해 힘을 사용하는 기술이자 과학이고, 해양력이란 정치 지도자들이 국내 유권자들과 협력하여 설정한 전략 목표를 달성하기 위한 하나의 수단을 말한다.

이번 장에서는 머핸과 함께 동 분야 거장들이 주창해 온 해양전략에 대해 살펴볼 것이다. 머핸은 19세기 말 미국의 선장이자 해양분야에 있어 역사상 가장 영향력 있는 역사가 및 이론가로 평가받는다. 그는 로드 아일랜드 뉴포트에 위치한 미 해군참모대학 개교 이래 첫 전략 교수였으며 2대 학장을 역임했다.[1] 그의 말에는 무게감이 실릴 수밖에 없다.

그럼에도 주의할 점은 있다. 오늘날 머핸은 대규모 해전과 대형 함포가 탑재된 전함을 선전하는 "전도사"로 알려져 있다.[2] 이러한 측면에서 대양(ocean)과 해양(sea)은 단순히 함대 간 해양 지배를 위해 결전하는 전장으로만 비춰진다. 머핸은 "제해권(command of the sea)"을 "적의 국기가 바다에서 모습을 보이지 않을 정도의 전력으로 또는 미미한 수준의 전력으로만 보이도록 하는 압도적인 힘"으로 정의한다.[3] **압도적인** 힘이란 정의는 다소 단정적으로 들린다. 이는 마치 칠흑 같은 바다에서 서로를 향해 공격하는 함선들에 관한 이야기로밖에 보이지 않는다.

그러나 이는 머핸의 이론을 너무 편협하게 해석한 면이 없지 않다. 사실 그는 해전에 대해 진지하게 연구하기 위해 범선시대까지 거슬러 올라간다. 시대적으로 군사적 요소가 두드러지게 묘사되는 것은 어찌 보면 당연한 일이다. 그러나 일반적인 인식과 달리 그는 전쟁 그 자체를 목적으로 설명하지 않는다. 전쟁은 국가 보존을 위한 하나의 수단이다. 머핸은 국가의 자기 보존이 "국가의 제1법칙"이라면 국가의 성장은 "건강하고 풍요로운 삶을 영유하기 위한 조건"이라고 정의한다. 성장과 발전을 위한 자연권(自然權)은 만일 경쟁자가 "합법적 영역을 넘을 경우" 군 또는 해군력을 배치하여 무력으로 이를 보호할 수 있는 권리를 부여한다. 모든 국가는 자국의 번영이 달려있는 해양산업에 "외부적 요인"을 주입되지 못하도록 자기방어를 위해 무장해야 한다.[4]

그러므로 해양전략은 결코 전투만을 위한 개념이 아니다. 머핸에게 해군은 동아시아와 서유럽과 같이 무역에 중요한 지역에 대한 상업적 접근을 개방하고 발전시키며 보호하기 위한 외교적 노력의 안전장치 역할을 수행할 뿐이다. 전쟁은 그에게 애시당초 선택지에 없었다. 그는 전쟁을 "자연적이거나 정상적인 상태를 단절시키는" 것으로 규정한다.[5] 군사력은 "단순히 경제와 상업과 같은 더 큰 이익에 부수적이며 종속적인 의미"를 지닌다.[6]

머핸이 생각하는 해양전략의 목표는 "군사력 또는 해군력에 도움이 되는 정치적 수단을 통해 상업을 유지하는 것이다. 국가의 세 가지 요인을 **실제 상대적 중요도**에 따라 나열하면 상업적, 정치적 그리고 군사적 요인 순이다"(필자 강조).[7] 해양전략은 접근(access)에 관한 것이며, 그중 가장 중요한 목표는 상업적 접근이다. 국가는 상업적 접근을 촉진하기 위해 외교적 접근을 추구한다. 그리고 만약 상업적 접근이 외부 경쟁자로부터 압력을 받을 경우 군사적 접근은 무력을 통해 외교를 뒷받침한다.

따라서 상업은 가장 중요한 위치를 차지한다. 해양전략은 외교를 뒷받침하기 위해 해양력을 활용하는 것을 의미하며, 이를 바탕으로 상업적 접근과 경제적 번영을 이룰 수 있다. 이를 통해 정부는 해군을 재정적으로 지원을 해줄 수 있는 세

수를 확보할 수 있으므로 해군은 경제적 번영의 수혜자다. 경제, 외교, 해군력 간의 선순환을 지속하고 유지하는 것이 해양전략의 핵심이라 할 수 있다. 전쟁은 불가피하지만 부차적 기능이다.

고대 역사학자들 역시 이에 동의할 것이라 생각한다. 역사가 투키디데스(Thucydides)는 그의 저서 **필로폰네소스 전쟁사**(*History of the Peloponnesian War*)에서 아테네와 스파르타 지도부 역시 경제와 금융의 탁월한 중요성을 인식하고 있었다고 밝혔다. 스파르타 국왕 아르키다무스(Archidamus)는 "전쟁이란 무기의 문제라기보다 무기를 만들어내는 돈의 문제다"라고 주장했다. 다시 말해, 국가는 위력적인 무기를 소유할 수는 있으나 그것만으로 전쟁의 승리를 보장하는 것은 아니라는 의미다. 전장에서 군이 작전을 지속하기 위해서는 식량 및 다양한 전쟁 물자의 정기적인 재보급이 보장되어야 한다. 지속적인 군수 지원과 이를 대량으로 조달할 자금 없이는 작전이 원활하게 지속되기 어려우며 종국에는 작전을 지속할 수 없는 상태에 이른다.

아르키다무스는 "대륙과 해양세력 간의 경쟁"에서 경제의 중요성이 더욱 빛을 발한다고 덧붙였다.[8] 해양국가는 대다수 무역국가로 이들의 정부는 국제무역 과정에서 관세를 부과한다. 이러한 측면에서 해양국가인 아테네는 대륙국가인 스파르타에 비해 유리한 위치를 점하고 있었다. 재정적으로 주력 함대를 지원할 수 있는 경제적 역량을 바탕으로 장기간 전쟁 수행이 가능했던 것이다. 경쟁관계에도 불구하고 아테네 "제1시민" 페리클레스(Pericles) 역시 아르키다무스의 생각에 동의했다. 그는 "자본"으로 인해 "전쟁을 지속"할 수 있으며, 스파르타가 직면한 가장 큰 "장애물"은 그들의 "자금력의 부족"에서 기인한다고 말했다.[9]

머핸 역시 이러한 생각에 전적으로 동의했을 것이다. 경제적 그리고 재정적인 번영은 해양력의 목표이자 이를 가능케 하는 동력과도 같다. 이는 특히 장기간에 걸친 전략적 경쟁 또는 전쟁 시 더욱 두드러진다. 정치인과 해군 지도부가 전략과 작전 수행에 미치는 경제적 영향력을 간과하는 것은 정말 위험한 발상이 아닐 수 없다.

해양이란 무엇인가?

해양력의 본질과 이용에 대해 보다 심층적으로 알아보기 전에 전략적 실체로서 해양을 이해하는 것은 중요하다. 이는 주변 환경에 대해 이해하는 과정의 일부다. 해양은 해양 "공공재(common)", 경쟁적이고 협력적인 인간 상호작용의 매개, 시공간적으로 통일된 완전체, 개방된 대양의 특징 없는 평원, 선박이 해안에 접근하면 육지에 의해 깨지는 경계, 잠수함과 항공기가 활동할 수 있는 3차원 영역 그리고 선원과 비행사가 직업에 대해 생각하는 방식을 형성하는 환경으로 분류할 수 있다. 해양은 선박이 단순히 A라는 지점에서 B지점으로 이동하는 2차원적인 평면의 개념과는 거리가 멀다.

해양 공공재로서의 바다

해양은 부분적으로 인간이 정의한 개념이다. 바다를 "광활한 공공재" 또는 "거대한 공공재"라고 정의한 것은 머핸이 최초다. 그가 바다를 "거대한 고속도로" 또는 "거대한 공공재"로 묘사한 데에는 해상에서 자유로운 통행이 가능하기 때문이다. 그러나 특정 해상 교통로의 경우 다양한 이유로 다른 경로에 비해 이동이 잦다. 이러한 항로를 가리켜 무역로라 일컫는다.[10] 이러한 은유적 표현은 머핸이 처음 만든 반면, 해상 공공재 개념 자체는 그의 생전 이전으로 거슬러 올라간다. 사실상 이는 국제법으로부터 기인한다. 특정 물리적 공간을 공공재로 명시한다는 것은 이러한 공간이 모두에게 귀속되면서 동시에 그 누구에게도 귀속되지 않는다는 의미를 담고 있다. 즉 통치되지 않거나 아주 느슨한 통치가 이루어지며, 개방되어 누구나 사용할 수 있는 거의 전적으로 자유가 보장된 공간이다.

뉴잉글랜드 마을의 공공재를 떠올려보자. 미국 독립혁명기 공공재는 소나 양이 풀을 뜯고 운동 경기를 개최하며 묘지나 공원을 자유롭게 지을 수 있는 개방된 공간이었다.[11] 마을 지도자들은 별다른 논쟁없이 이러한 공공재 사용을 자유롭게 결정할 수 있었는데, 이는 마을이 공공재에 대한 "주권(sovereignty)"을 행사했기 때문이다. 그 누구도 토지 할당에 대한 마을 지도자들의 권한에 반박할 수 없었다. 독일 사회학자 막스 베버(Max Weber)는 주권의 고전적 정의를 제시한 바 있다. 그는 주권자를 "일정 영토 내에서 **물리력을 단독으로 그리고 합법적으로 사용**할 수 있게 되는 상황 발현에 성공한 인간의 무리"(원문 강조)로 정의했다.[12] 국가는 국경 내 규칙과 법률을 제정하고 경찰과 군대라는 무력으로 이를 뒷받침한다. 시민들은 이러한 규칙과 법률을 준수하며 그렇지 않을 경우 법적인 처벌을 받는다.

해양 공공재는 과거 뉴잉글랜드 마을의 공공재보다 복잡한 개념이다. 첫째, 해양에서는 주권이 존재하지 않는다. 대양은 그 어떠한 국가의 분명한 관할권 내에도 위치하지 않는다. 이는 주권국가의 관할지역에 인접해 있다. 각 정부가 해양에서 추구하고자 하는 이익은 서로 상이하며 상충할 수 있는 정책과 법률을 제정하기도 한다. 둘째, 전 세계 그 어떠한 해군도 광활한 대양에서 무력에 기반하여 진정한 독점권을 행사하는 데 물리적 한계가 있다. 경찰이 조밀한 도시 내에서 물리력을 행사하는 것과는 달리 아무리 큰 해군이라 할지라도 광활한 바다에 비하면 작은 규모이기 때문이다. 광활한 물리적 공간은 그만큼 힘을 희석시킬 수밖에 없다.

따라서 해양국가들은 개별 국가가 바다에 대한 주권을 행사할 수 있는 범위에 대해 오랫동안 논쟁을 벌여왔다. 17세기 법학자 휴고 그로티우스(Hugo Grotius)와 존 셀든(John Selden)이 대표적이다. 1608년 네덜란드 출신의 그로티우스는 익명으로 발표한 소책자를 통해 전 세계 그 어떤 국가도 해양 공공재에 대한 지배권(dominion)을 주장할 수 없다고 밝혔다.[13] 그로티우스는 당시 인도양에서 네덜란드 상인들이 무역을 할 수 있는 권리를 옹호하고 있었다. 포르투갈 제국이 무역을 독점하기 위해 인도양 접근을 금지하려 했기 때문이다. 영국 출신 셀든은 이러한 그로티우스의 주장에 반박하였는데, 그는 연안 국가들은 바다를 소유할 수 있으며 – 국내의 공적 또는 사적 소유권과 대비되는 개념의 주권 – 이에 따라 영국은 "영국해 또는 대영제국을 둘러싼 바다"에 대한 정당한 권리가 있다고 주장했다.[14] 1652년에 출판된 셀든의 논문은 그로티우스가 주창한 이른바 자유 해양(freedom of the sea)에 대한 반박문과도 같다. 셀든은 자유 해양에 대한 교리가 자칫 북대서양에서의 영국의 위치를 위협할 가능성에 대해 우려했다.

자유 해양과 폐쇄 해양을 주창하는 그룹 가운데 어느 쪽이 더 많은 지지를 얻었을까? 최근까지는 그로티우스의 주장이 더 많은 지지를 얻는 것으로 보인다. 제1차 세계대전을 종식시키고 평화 정착을 위한 원칙을 제시한 우드로 윌슨(Woodrow Wilson) 대통령의 "14개조 평화 원칙" 중 두 번째 조항은 "전평시를 막론하고 영해 밖 항해의 절대적인 자유 보장"을 명시하고 있다.[15] 오늘날 "해양의 헌법"에 가장 가까운 유엔 해양법 협약(이하 협약)(UN Convention on the Law of the Sea, UNCLOS)은 폐쇄 해양에 대한 셀든의 교리와 그로티우스가 주창하는 자유 해양이라는 비전을 함께 조화롭게 추진하고자 한다. 그럼에도 불구하고 두 주장 간의 축은 공공재로서의 해양이라는 주장에 보다 기울어지고 있는 것으로 보인다. 협약은 연안국의 해안과 맞닿아 있는 좁은 해역을 해당 국가의 "영해(territorial sea)"로 취급한다. 연안국은 해당 지역에서 전적으로 주권을 행사하며 선박과 비행기의 활동을 관할하는 법률과 규칙을 제정한다. 외국 선박은 "무해 통항(innocent passage)" 원칙에 따라 연안국의 권리를 저해하거나 평화, 공공질서 또는 안전보장을 해치지 않는 범위 내에서 통항할 수 있다.[16]

셀든의 주장은 해안과 접속해 있는 좁은 해역에만 적용된다. 영해는 기선으로부터 12해리를 넘지 않는다. 그 영해 너머에는 연안국이 관세, 재정, 출입국 관리 및 보건과 관련된 법률과 규정을 집행할 수 있는 또 다른 12마일 폭의 "접속 수역(contiguous zone)"이 있다. 그리고 그 너머 배타적 경제 수역(Exclusive Economic Zone, EEZ)은 영해기선으로부터 200해리까지 뻗어 있으며, 대륙붕이 멀리 형성되어 있는 곳은 350해리까지 뻗어 있다. 용어에서 알 수 있듯이 협약은 연안국에게 배타적 경제 수역 또는 해저로부터 천연자원을 개발할 수 있는 절대적인 권리를 부여한다.[17] 그 외 다른 특별한 권리는 행사하지 못한다.

배타적 경제 수역 너머에는 조약에 의해 성문화된 몇몇의 예외적인 경우를 제외하고는 통제되지 않는 공간인 공해(high sea)가 펼쳐진다. 예를 들어, 항해의 안전에 대한 불법행위의 억제를 위한 협약(The Convention for the Suppression of Unlawful Acts Against the Safety of Maritime Navigation)은 몇 가지 예외조항을 제시한다. 대표적으로 해적을 체포하고 재판을 거쳐 처벌하는 등에 대한 절차가 있다.[18] 공해상에서 선박은 군사, 상업 및 과학과 관련된 활동을 자유롭게 수행할 수 있다. 즉 그로티우스의 패러다임인 해양에서의 자유는 인접 수역과 배타적 경제 수역 내 극히 제한적으로 예외적인 경우와 함께 기선에서 12해리를 넘는 영해에서 더 우세하다. 대양은 해양 공공재로 남아 있는 것이다. 해양국가들은 협약을 통해 이를 재확인하였다.

미국 상원은 협약 비준을 거부하는 반면 민주당 및 공화당 출신 행정부는 협약을 "국가의 관행"에 근거한 불문법, 즉 일종의 국제 "관습(customary)"법으로 인정해오고 있다. 많은 국내 법령체계상 보통법(common law)이 성문법과 공존하는 것과 같이 국제 관습법 역시 조약법과 함께 존재한다. 국가가 하는 일, 즉 관찰 가능한 국가의 행동은 그들이 생각하는 국제법과 규범을 잘 보여준다.

거의 전 세계 국가들이 참여한 협약의 회원수만 보더라도 그 중요성이 얼마나 큰지 짐작할 수 있다. 동시에 회원국들이 협약을 어떻게 인식하고 있는지 알 수 있는 생생한 근거가 되기도 한다. 요컨대 미국은 협약과 관련하여 매우 어정쩡한 입장을 취하고 있는데 협약을 비준하지 않으면서 동시에 가장 중요한 집행자(enforcer)의 역할을 수행한다. 미 해군은 항행의 자유 프로그램(Freedom of Navigation program)을 뒷받침하기 위해 협약이 보장하는 범위 밖의 해상규제(maritime claim)를 요구하는 국가에 대해 군사적으로 대응하는 역할을 수행한다.[19] 미 해군과 정치 지도자들은 이러한 어려운 상황을 매일 마주해야 한다.

협약은 2009년에 이르러 완연한 국제법으로 정착된 듯 보인다. 공교롭게도 이 시기는 중국이 남중국해 지도상 "열단선" 또는 "구단선" 내 "논쟁의 여지가 없는 주권"을 선언한 시기이기도 하다. 구단선은 중요한 수로의 약 80~90%를 에워싸고 있다. 베이징은 이 지역을 통과하는 선박은 무해 통항 규칙을 준수할 것을 요구하기 시작했고, 이를 무력으로 뒷받침하기 위해 인공섬을 건설했다.[20] 사실상 중국은 동남아시아 지역의 공공재를 자국의 영해로 취급하기 시작했다.

이러한 중국의 심상치 않은 움직임에 따라 셀든의 주장이 다시금 주목을 받게 되었다. 만약 영향력 있는 국가가 해양에서의 자유를 옹호하는 국제적 합의에 반대하여 외교력 및 군사력을 사용하는 상황에 대해 그 누구도 체계적이고 효과적으로 대응하지 못한다면 결국 그 국제적 합의의 의미가 사라질 가능성이 있다. 국제법은 진화할 수 있다는 점 또한 주목할 필요가 있다. 만약 한 국가가 특정 주장을 지속적으로 제기하고 주변국들이 이에 수긍한다면, 이는 국제 관행뿐만 아니라 궁극적으로 관습법으로서 자격을 갖추게 된다.

때때로 국가들은 법 영역 밖의 주장을 묵인하기도 한다. 1823년 미국은 유럽 제국이 서반구에서 무엇을 할 수 있고 무엇을 할 수 없는지에 대해 규정하는 먼로 독트린(Monroe Doctrine)을 일방적으로 선언한다. 이를 단순하게 설명하자면 유럽은 독립을 이룬 미국을 더 이상 식민지화할 수 없다는 뜻이다.[21] 먼로 독트린은 국제법이 아니었지만 미국의 일방적인 선언에 도전하고자 외교 및 해군력을 투입하는 유럽국가는 거의 없었다. 그 결과 먼로 독트린은 국제 관습법으로서 자격을 갖추게 되었다. 미국이 일방적으로 성명을 발표한 이래 유럽 국가들은 수십 년간에 걸쳐 이에 순응했다. 제1차 세계대전을 종식시킨 베르사유 조약은 먼로 독트린이 국제법임을 증명하는 데 다소 부족함이 있었으나, 그럼에도 불구하고 "평화 유지를 수호하기 위한 지역 내 이해관계"를 보여주는 먼로 독트린의 위상을 재인식시키는 계기가 되었다.[22]

일종의 준 법적 지위는 미국 외교정책 전반에 뿌리 깊게 박혀 있다. 만약 다른 국가들이 대응하는 데 실패한다면 중국의 구단선 역시 미국과 비슷한 절차를 통해 사실상(de facto) 법적 지위를 갖게 될 것이다. 영국의 보통법은 시민들에게 "우선통행권(right-of-way)"을 보장하고 있다. 이는 시민들이 실제로 그 권리를 이용하는 한 사유 재산을 가로질러 특정 경로를 사용할 수 있는 권리를 의미한다. 권리는 사용하지 않으면 그 효력을 잃게 된다. 자유 해양이라는 개념 역시 정기적으로 사용하지 않는다면 시간이 지남에 따라 소멸할 가능성이 있다. 이처럼 물리적 공간에 대한 접근을 보장하는 법은 활용하지 않고 방치하면 소멸한다.

남중국해가 폐쇄되는 상황 자체도 걱정스러운 일이지만 이보다는 이러한 분쟁이 단일 수역에서 그치지 않을 것이라는 전망이 더욱 우려스럽다. 만약 중국이 해상 이동 관련 규칙을 제정하고 다른 국가들이 이를 준수해야 한다는 원칙을 확립함으로써 일단 구단선을 유지하는 데 성공한다면, 동남아시아 지역뿐만 아니라 전 세계 다른 수역 내에서도 항행의 자유 개념을 조금씩 깎아내리려는 시도를 할 가능성이 높기 때문이다. 이는 단연코 위험한 선례가 될 것이다. 항행의 자유는 나뉘거나 분리될 수 없는 개념이다. 항행의 자유 원칙은 전 세계 어느 수역에서나 적용되며 그렇지 않은 경우 원칙 자체가 위태로워질 것이다. 만약 중국이 동남아시아 내 협약을 무효화한다면 다른 국가들 역시 이러한 선례를 바탕으로 흑해, 아조프해 또는 발트해에 대한 지배권을 주장할 수 있다.

21세기 안보환경은 과거 셀든과 그로티우스의 팽팽한 대립을 다시금 환기시킨다. 해양 공공재의 위상은 완고한 외교력과 우월한 화력을 바탕으로 폐쇄 해양을 주장한 셀든을 지지하는 그룹이 힘을 얻게 되면 점점 위축될 수 있다. 따라서 그로티우스의 자유 해양을 주창하는 그룹은 그간의 선례를 바탕으로 공공재로서의 해양 공공재 개념을 지속적이고 반복적으로 재정의해야 한다. 동시에 그로티우스의 비전을 혁신 및 지속할 수 있도록 군사력을 어떻게 활용할 것인지에 대해 사전에 충분히 연구해야 할 것이다.

항행의 자유에 대한 과거 그리고 최근 새롭게 조명되는 논쟁은 정책과 법률이 한번 승패가 정해졌다고 해서 그 결과가 영원히 지속되지는 않는다는 점을 잘 보여준다. 만약 중국이 남중국해와 같은 중요한 수로에서 무력 사용을 독점할 수 있다고 믿는다면 실제로 지역 내 주권을 행사할 수 있다는 자만에 빠질지도 모른다. 경쟁 국가들은 새로운 안보환경을 조금씩 수용하면서도 끝내 이를 제재하는 것이 아무런 소용이 없다고 느낄지 모른다. 시간이 경과함에 따라 중국의 주장이 조금씩 정당성을 갖게 된다면, 중국은 결국 막스 베버의 기준에 부합하는 주권에 가까워질 것이다.

경쟁적이고 협력적인 인간 상호작용의 매개

자유 및 폐쇄 해양에 대한 논쟁에 대해 조사하다 보면 결국 해양은 우호적인 협력으로부터 공해상 전쟁에 이르기까지 인간 상호작용의 매개체(medium) 역할을 수행한다는 사실을 알게 된다. 킹스 컬리지 런던의 제프리 틸(Geoffrey Till) 교수는 해양의 본질과 사용에 대해 단순하면서도 매우 유용한 4가지 "해양의 역사적 속성(historic attributes of the sea)" 모델을 제시한다. 이는 자원(resource), 교통(transportation), 정보(information) 및 지배력(dominion)으로 구성되며, 실무자들이 해양 협력 및 갈등과 관련된 주제에 대해 생각하는 데 도움을 준다.[23]

틸 교수가 제시한 각각의 4가지 속성은 해양의 기본적인 기능을 보여준다. 바다와 해저는 어장, 석유 및 가스, 광물과 같은 천연자원의 보고이다. 틸 교수는 그로우티스와 머핸의 뜻을 계승하여 바다는 여느 연안국의 법적 관할권을 넘어 공공재 또는 고속도로 역할을 수행한다고 보았다. 국가는 해상운송로를 따라 상품과 군사력을 수송하여 전 세계 항구에 도달할 수 있다. 해양은 문화 교류를 위한 장을 제공하기도 한다. 또한 해양은 주권국가들이 중요지역이나 주변지역(rimland)*을 통제하기 위한 경쟁의 장이다.[24]

틸 교수는 바다의 속성이 전적으로 협력적이기도 경쟁적일 수도 있으며, 때로는 협력과 경쟁의 속성이 복합적으로 나타날 수도 있다고 보았다. 이렇듯 해군의 노력은 복합적인 성격을 띤다. 군사경쟁은 한 국가가 다른 국가를 무력으로 방해할 가능성을 높인다. 그러나 동시에 해군력의 복합적인 특성으로 인해 협력적 임무와 경쟁적 임무를 구분하기는 여간 쉽지 않다. 전차, 전투기 및 포병은 분명 전투를 수행하기 위함이다. 그 외에 다른 임무를 수행할 여지는 많지 않다. 그에 반해 군함의 경우 다양한 임무를 수행한다. 인도적 또는 재난 지원을 수행하거나 해적과 인신매매범을 체포하기도 하며, 외국 항구에서 친선활동을 수행하거나 기타 비전투 임무를 수행할 수도 있다. 또한 전쟁을 수행할 수도 있다.

군함의 성격은 결국 의도에 달려있다. 군함은 상급 지휘관과 정치 지도부로부터 하달된 명령에 따라 평화적으로 사용될 수도 전투 기능을 수행할 수도 있다. 시시각각 변화하는 임무의 성격을 예측할 수 있는 방법은 많지 않다. 명령은 언제든 바뀔 수 있다. 지원을 위해 파견된 군함은 명령이 떨어지는 즉시 전투를 수행할 태세로 전환할 수 있다. 불과 몇 분 전까지만 해도 협력하던 국가에게 금방이라도 총구를 겨눌 수도 있는 것이다.

---

* 니콜라스 스파이크먼(Nicholas J. Spykman, 1944)이 제시한 '주변지역(rimland) 이론'에 따르면 세계는 심장지역(heartland), 주변지역(rimland), 근해대륙(off shore continents)으로 구분할 수 있으며, 이 중에서도 '주변지역'은 해양세력과 대륙세력 사이에 존재하는 갈등의 거대한 완충지로 기능하여 정치, 전략적 중요성을 지닌다. 유라시아 대륙의 심장지역(Heartland)에서 멀리 떨어져 바다를 끼고 있는 육지지역을 가리키며, 주로 유럽 연안지역, 동아시아 연안지역 등을 말한다. 이런 주변지역들을 통제하는 것이 세계 통제의 관건인데, 심장지역에 빠르게 진입할 수 있고 해양문명을 쉽게 위협할 수 있기 때문이다. 전후 미국이 서유럽과 동아시아에서 소련과 중국에 대해 취한 억제 및 봉쇄정책은 이 학설의 영향을 받았다(역주).

이러한 측면에서 전략가 에드워드 루트왁(Edward Luttwak)은 함대의 전투수행 태세는 "전투수행 의도의 형성과 동시에 즉각 활성화될 수 있으나", 이러한 움직임은 "알아채기 어렵고 순식간에 벌어질 수 있다"고 언급했다. "일상적인 함대의 이동조차도 다른 시각에서 보면 위협적으로 보일 수 있는 것이다(왜냐하면 위협이 내재되어 있기 때문이다)"(원문 강조).[25] 경무장한 해안경비대 또는 비군사적 업무를 수행하는 조직의 경우 덜 위협적일 수는 있다. 이러한 위협 인식은 임무 수행을 위한 수단에 따라 달라지기 때문이다.

지배력(dominion)은 틸 교수가 제시한 4가지 속성 중에서 가장 경쟁적인 성격을 띤다. 만약 특정 강대국 또는 동맹이 그들의 편협한 이익을 위해 중요지역을 지배할 경우 다른 국가들이 해상교통로를 사용하거나 천연자원을 채취할 수 있는 기회를 제한함으로써 다른 국가들을 배제할 가능성이 크다. 지배력을 위한 경쟁 또는 그러한 경쟁에 대한 두려움은 해양국가들이 함께 협력을 저해할 수 있는 요인으로 작용한다. 제3장에서는 해양 군사전략상 지배력과 함께 이로부터 어떻게 정치적 가치를 도출할 수 있는지에 대해 보다 자세히 살펴볼 것이다.

틸 교수가 제시한 해양의 첫 번째 속성인 자원은 지배력에 비해 덜 경쟁적으로 보인다. 앞서 언급했듯이 협약은 배타적 경제 수역 내 연안국가의 해양 권익을 보장하고 있다.[26] 또한 수익성과 기술적 실현 가능성이 있는 경우 국제 해저로부터 공동으로 자원을 추출할 수 있는 협력 제도를 확립하였다. 연안국이 협약을 준수하는 한 협력할 수 있는 가능성 또한 크다.[27]

그러나 전 세계 많은 지역에서 해양 영토분쟁은 여전히 논쟁거리다. 분쟁 수역 내 천연자원을 두고 벌어지는 분쟁은 일반적으로 해결하기 어렵다. 결국 국가의 번영은 해양 자원에 대한 접근 없이는 이루어지기 어렵다. 한 예로 남중국해의 경우 많은 인접 국가들이 섬과 인접 해역에 대한 소유권을 주장하는 데 반해 중국은 거의 대부분의 지역에 대한 소유권을 주장하고 있는 것이 작금의 현실이다.[28] 따라서 영해, 접속 수역 및 배타적 경제 수역의 경계를 어디에 설정해야 하는지에 대한 분쟁은 틸 교수의 표현에 따르면 상선이 바다에서 안전하게 이동할 수 있는 이른바 "해상 질서(good order at sea)"를 유지하는 데 있어 잠재적으로 또 다른 방해요소가 아닐 수 없다.[29] 심지어 이러한 분쟁은 경제발전을 목적으로 하는 연안국들 사이에 지배권을 위한 경쟁으로 악화될 수 있다.

틸 교수가 제시한 정보라는 속성은 가장 기본적이면서도 해양 문제에 있어 간과되기 쉬운 요소이다. 항해는 문화적 상호작용과 정보 교류를 위한 하나의 매개체 역할을 수행한다. 이러한 교류는 선원들이 외국 기항지에 머물면서 사람들과 어울리는 과정에서 발생한다. 로버트 카플란(Robert Kaplan) 기자는 여기서 한 발짝 더 나아가 이러한 교류가 내륙에 비해 해안가에 살고 있는 사람들의 문화를 조절하거나 완화한다고 설명한다.[30]

그러나 해안가 주변에 거주하는 사람들과의 교류에서 빚어진 정보라는 속성에는 단순히 문화적 교류 외에도 눈여겨볼 측면이 많이 있다. 정보 영역은 해군이 외교정책을 지원하고 자국의 해양력을 과시하며 경쟁국에게 의지를 보여주어 동맹국 및 우호국을 안심시키고 공동의 목표를 위한 새로운 파트너를 모집하는 등의 역할을 수행하는 매개체이기도 하다. 또한 이러한 매체를 통해 국가적 목표를 달성하고자 여론을 조성하기도 한다. "해군 외교"에 대해서는 다음 장에서 자세히 다루기로 한다.

국가들 간의 협력은 종종 틸 교수가 제안한 운송 기능에 제한되는데, 이는 다른 속성들과 비교하여 가장 논쟁의 여지가 적고 공통의 이익이 분명한 요소이기 때문이다. 상업은 결국 왕이라고 표현할 만큼 가장 중요하기에 공급자와 수요자 간 상인의 자유로운 이동을 방해하는데 사활을 걸 연안국은 없을 것이다. 4가지 속성 중 해상 교통망을 유지하는 것이 다자협력을 추진하는 데 가장 적합한 것으로 보인다. 동시에 국가는 우호적인 협력과 경쟁적인 행동을 구분하는 것은 쉽지 않다는 점을 상기해야 한다. 해양국가들이 동일 해역에서 경쟁적이거나 협력적인 임무를 수행할 시 다차원적인 문제가 도사리고 있기 때문이다. 이러한 문제는 서로 교차하거나 왜곡 또는 훼손할 수 있다.

시공간적으로 통일된 완전체

전 세계 대양과 바다는 단일의 통일된 수역이다. 지구물리학적 용어로 머핸은 그것들을 나눌 수 없는 완전체로 묘사한다. 동시에 그는 수역 간 자의적 구분을 탐

탁지 않아 했다. 이러한 측면에서 본다면 그는 아마도 많은 학자들과 국가들이 습관처럼 태평양과 인도양을 묶어 거대한 “인도－태평양” 전구라고 묘사하는 것에 동의했을 것이다.[31] 대양과 바다는 서로 연결되어 있을 뿐만 아니라 육지로 둘러싸인 카스피해와 같은 경우를 제외하고는 내륙까지 연결되어 있다.[32] 항해가 가능한 강은 내륙에 위치한 생산자와 소비자를 공해와 연결하고 나아가 외국 시장과 공급자에까지 이르도록 한다. 미시시피강, 양쯔강과 같은 수로는 육로 운송의 수요를 줄임으로써 상거래를 촉진시키고 비용을 절감한다.

반면 내륙 수로는 견고하게 방어하지 않는다면 위험한 결과를 초래할 가능성이 크다. 20세기에 이르기까지 외국의 함포는 양쯔강 주변을 누리며 중국의 후방까지 그 해양력을 과시했다.[33] 남북전쟁에 참전했던 머핸은 당시 미국의 상황에서 “부를 운반하고 무역을 지원했던 하류가 등을 돌려 적에게 그들의 중심부를 내주었다”라고 지적했다.[34] 해안과 내륙 수역을 보호해야 할 해군은 미약하여 남부 연합(Confederacy)은 수로에 대한 통제력을 상실했고 이후 내부로부터 분열되었다. 머핸은 “남북전쟁만큼 해양력이 결정적인 역할을 수행했던 적은 결코 없었다”라고 결론지었다.[35] 내륙 수역을 방어하지 않은 채 그대로 두는 것은 매우 경솔한 일이다. 해양력은 공해에서만 적용되는 것이 아니다.

해양과 바다는 다른 방식으로도 통합되어 있다. 전 북대서양 조약 기구 최고 사령관 예비역 미 해군 제독 제임스 G. 스타브리디스(James G. Stavridis)는 그의 저서 해양력(Sea Power)을 해양의 물리적 특성에 대한 머핸의 평가를 호평하면서 시작한다. 그는 저서를 통해 “해양은 하나(the sea is one)”라는 개념은 지리적 공간뿐만 아니라 시간적으로도 적용된다고 주장한다. 해양은 전 세계를 가로질러 “수평적으로” 펼쳐질 뿐만 아니라 “수직적으로” 시간을 거슬러 올라간다. 다시 말해, 선원들은 항해를 하는 동안 보다 거대하고 오래된 존재와 조우한다. 갑판 위를 걸어가는 선원은 알렉산드로스 대왕(Alexander the Great)이 지중해 동부를 항해하면서 바라보았던 똑같은 전망과 끝없는 바다를 본다. 이는 할시(Halsey) 제독 역시 고속 캐리어 테스크 포스(Fast Carrier Task Force)를 서태평양 전투에 투입시키면서 보았던 전망과 바다와 같다.”[36]

“황소” 할시 제독이 이끈 제3함대 소속이었던 필자는 이러한 신비로운 말에 동의한다.[37] 과거 세대 선원과의 유대관계가 있으며 동시에 미국과 외국 선원 간의 상호작용을 형성한다. 스타브리디스 제독에게 선원은 "전 세계 대륙에서 멀리 떨어져 있으면서도 대양을 개방하기 위해 노력했던 선조들과 연결되어 있는 오래되고 끊어지지 않는 존재"이다.[38] 이러한 측면에서 선원은 수 세기에 걸쳐 이어져 온 교우관계를 묵묵히 이어간다.

개방된 대양의 특징 없는 평원

탁 트인 바다는 특징 없는 평원과 유사하다. 때때로 머핸은 흔히 "해로"라고 불리는 은유적 표현에 문제를 제기한다. 해양을 가로지르는 도로는 존재하지 않는다. 육지에 빗댄 이 은유적 표현은 기껏해야 바다에 적용되며, 이는 선박들이 트럭 또는 자동차와 같은 육상 운송수단과 같이 한 장소에서 다른 장소로 이동하기 위해 예측 가능한 경로를 따라 운항해야 함을 암시한다. 또한 선박의 위치를 특정할 수 있고 전시에는 탐지, 추적, 표적화 및 공격할 수 있음을 의미하기도 한다. 이러한 측면에서 항해는 예측 가능성과 리듬이 있다.

그러나 반드시 그렇지는 않다. 해로는 하나의 항구에서 다른 항구로 연결하는 보다 편리한 경로가 있다는 점에서 존재한다. 최단 경로를 택하면 시간, 연료, 비용, 승무원과 장비를 그만큼 절약할 수 있다. 그러나 바다는 선원들이 거친 날씨나 해적들이 들끓는 바다를 피해 우회하거나 육지의 분쟁이 바다로 확장되는 것을 방지하기 위해 물리적 장벽을 세우진 않는다. 머핸은 바다를 평평한 평야에 비유하기를 즐겼는데, 이러한 평야는 산이나 협곡과 같이 고정된 지형이 아닌 벡터 역학이 선박의 이동을 통제한다.

> 바다는 육지에 다다를 때까지 장애물이 없는 광활한 평야의 이상을 실현한다. 바다에 전장이 없다는 것은 장수의 이동을 결정짓거나 구속하는 자연적 조건이 없다는 것을 의미한다. 바다 그 자체는 출발점과 도착점 두 지점 사이 수많은 경로 중 하나를 택하여 이동하는 선박을 방해하지 않는다. 거리나 편의, 교통이나 바람의 조건 등이 경로를 규정할 뿐이다.[39]

선원들은 이렇듯 길이 없는 해상에서 항해하기 위해 지도와 지형지물 대신 해도, 극좌표를 사용하는 조종판, 나침반, 육분의, 평행 통치자 등 기하학에 기반한 도구를 활용한다. 대양에서는 이동 방향을 돌리거나 저지하는 장애물이 없다. 수많은 해로는 한 지점에서 해안을 따라 다른 해안으로 이어져 또 다른 지점으로 연결된다. 따라서 머핸이 주장한 바와 같이 해로를 차선(lane)이라고 부르는 것은 오해의 소지가 있다. 육지에는 도로가 있어 사람을 찾는 것이 보다 용이하기 때문에 경찰관이나 노상강도는 도로에서 다른 운전자를 가로막을 수 있는 위치를 잘 알고 있다. 반면 해상에서 운항하는 선박, 잠수함 또는 항공기는 중요지점을 찾기 위해 텅 빈 광활한 공간을 수색해야 한다. 바다는 크기와 부피가 거대하기 때문에 아무리 큰 배라 할지라도 바다와는 비교가 되지 않을 정도로 작다. 지휘관은 자산을 분산하여 그 넓은 해역을 감시해야 한다. 상황에 따라 기존 역량에 더해 자산을 결집하는 것은 곤혹스러울 수 있다. 해양에서의 지리적 개념은 해안경비대가 치안을 유지하거나 해군이 적을 물리치기 위한 물리적 힘을 약화시키는 경향이 있다.

그럼에도 중요지점을 찾는 것이 불가능한 것은 아니다. 머핸이 다시 한번 지적했듯이 해상에는 한 지점에서 다른 지점으로 가는 직접적인 경로가 있으며 선박은 주로 이러한 경로를 따른다. 지구가 가진 구면기하학적 특징으로 인해 "대권항로(great-circle track)"는 종종 A지점에서 B지점으로 가는 가장 경제적인 최단거리가 된다.[40] 이러한 항해의 경제학은 선박의 이동을 예측할 수 있는 하나의 수단으로 수색 활동에 도움이 된다. 머핸과 동 시대를 살았던 영국 해군 역사가이자 이론가 콜벳 경은 텅 빈 해양에서 선박을 찾는 실용적인 방안을 검토했다. 콜벳은 바다를 "비옥한 지역(fertile areas)"과 "비옥하지 않은 지역(infertile areas)"으로 나눈다. 그는 상선이 밀집한 비옥한 지역은 논리적으로 바다를 통제하기 위해 경쟁하는 해군이 중요하게 여겨야 하는 장소라고 덧붙인다. 비옥한 지역 내에서는 선박들이 모이는 반면 비옥하지 않은 지역은 대부분 비어 있다.[41]

콜벳은 선박을 찾는 것은 항해 간 오직 세 지점에서만 간단하다고 설명한다. 즉 출발지, 목적지 그리고 그 두 지점 사이 반드시 횡단해야 하는 "초점(focal points)" 또는 "초점 영역(focal areas)"이다(머핸은 콜벳의 의견에 동의하면서 출발지는 "그 목적이 순전히 군사적이든 아니든 간에 가장 효과적으로 관찰될 수 있는 대규모 해상 원정대가 위치한 지점"이라고 덧붙였다).[42] 초점 영역은 일반적으로 상선이 밀집한 비옥한 지역이기도 하다. 항로는 선박이 한 수역에서 다른 수역으로 통하는 해협이나 다른 좁은 바다를 통과하는 초점에서 모인다.[43] 이러한 진입로는 도시 내 위치한 거리의 교차로와 유사하다. 차량은 여러 방향에서 다양한 속도로 교차로에 접근한다. 교차로를 통과하는 동안 교통량은 증가한다.

교차로와 해상 초점은 경계하는 경찰이나 군대가 감시하거나 체포하려는 차량 또는 선박을 찾는 데 도움이 된다. 전 세계에 흩어져 있는 많은 초점 지역 중 대표적으로 지브롤터 해협, 호르무즈 해협 그리고 말라카 해협이 있다. 예를 들어, 매년 거의 10만 척의 선박이 말라카 해협을 통과한다. 이는 전 세계 무역의 약 4분의 1을 차지하는 규모이다.[44] 이러한 해협은 콜벳이 이야기한 전형적인 비옥한 지역이다. 또한 남아시아와 동남아시아 지역 내 이러한 초점은 중국, 인도, 미국 및 지역 강국들이 권력과 영향력을 놓고 다툼을 벌이는 과정에서 지정학적 함의 또한 지닌다.

선박이 해안에 접근하면 육지에 의해 깨지는 경계

콜벳이 제시한 초점 영역에 대한 논리는 배가 해안에 닿게 되면 바다는 마치 단절된 평야와 같아진다는 점을 보여준다. 마치 대평원의 서쪽 봉우리를 따라 로키 산맥이 남북으로 뻗어 있는 것과 같이 지형은 그 자체로 그 곳에 위치할 뿐이다. 그러한 지형 앞에서는 복종할 수밖에 없다. 다시 말해 배는 바다와 육지가 만나는 지형에 굴복해야 한다. 그렇지 않고는 별다른 도리가 없다. 따라서 해양력이 갖는 기하학적 특성만을 지나치게 강조하는 오류에 빠지지 않도록 주의해야 한다. 앞에서 말했듯이 머핸은 벡터 역학에 기반한 해양의 논리는 배가 "육지에 닿기" 전까지만 유효하다는 점을 정확하게 지적했다.[45] 이를 증명하듯 콜벳이 제시한 선박을 찾기 위한 세 교차점, 즉 출발지, 목적지 및 초점 지역 모두 변하지 않는 육지와 바다가 만나는 지점에 위치한다.

바다에도 지형이 있다. 이러한 지형은 주로 육지와 접해 있는 가장자리에 위치하고 있다. 이것이 선박이 위치를 구하고 적절한 경로와 속도를 결정하기 위해 다양한 수단과 수학 공식을 사용하여 외해에서 "항해(navigate)"하지만 "조종(pilot)"은 해안을 따라 하는 이유다. 조종 시 선원은 해안의 특징을 관찰함과 동시에 항법 보조 장치를 활용하여 해도에서 위치를 구하고 위험 요소는 회피한다. 조종은 많은 측면에서 오리엔티어링(orienteering)*과 유사하다.

이와 관련하여 해군에는 오래 전부터 전해져 내려오는 이야기가 있다. 항공모함 선교 당직반(또는 전해지는 이야기에 따라 때로는 전함)은 해상에서 안전과 관련된 정보를 교환하기 위해 지정 VHF 주파수인 채널 16을 통해 연락을 취한다. 항공모함의 선장은 자신의 다양한 경험과 계급을 생각하여 상대방 선박에게 항로 변경을 요구하나 상대방이 이를 거부한다. 몇 차례 무전이 오고 간 이후 결국 그 미지의 배는 모습을 드러냈는데 … 등대였던 것이다! 등대지기는 선장에게 "당신의 결정에 달렸어(Your call)!"라고 답한다.[46] 결국 육지의 승리로 이 이야기는 끝을 맺는다. 이 이야기가 주는 교훈은 현명한 해양전략가라면 지리적 위치, 중요한 수역 및 해저 지형에 주의를 기울여야 한다는 것이다.

항공기와 잠수함이 활동할 수 있는 3차원 영역

해양 공공재란 항공기나 잠수함과 같은 특수 이동수단을 위한 3차원 운영매체와 같다. 항공기는 다양한 고도에서 전술적 이점을 위해 기동할 수 있는 반면, 잠수함은 수면 아래에 숨어 적의 센서를 교란시켜 탐지를 피하기 위해 온도, 압력 및 염분의 차이를 이용하는 데 탁월하다. 항공기와 잠수함은 단독으로 활동하기보다 여럿이 함께 임무를 수행하므로 자유롭게 이동하는 데 제한이 있다. 해안 가까이에서는 얕은 수심과 좁은 수로로 인하여 잠수함의 자유로운 기동이 제한된다. 항공기 역시 이륙, 착륙, 육지 상공의 저고도 비행 또는 해안을 따라 순항할 때 지리적 특징을 유념해야 한다.

---

* 오리엔티어링(orienteering)은 19세기 후반 스웨덴에서 시작되어 초기에는 군인을 위한 야외활동 및 훈련으로만 사용되었다. 오리엔티어링이라는 용어는 1886년 칼베르그 사관학교에서 처음 사용되었으며, 지도와 나침반만을 사용해서 미지의 지형에서 길을 찾는 것을 의미했다. 현재는 지도와 나침반을 이용하여 미지의 지형에 있는 목표물을 가능한 한 빠른 시간동안 찾아서 돌아오는 "보물찾기"와 비슷한 스포츠를 칭한다(역주).

머핸은 이와 같은 점을 보다 체계적으로 이해시키기 위해 해협과 같은 제한된 수로의 전략적 가치와 위험을 평가하기 위한 틀을 만들었다. 이러한 접근 방식은 추후 제2장에서 다룰 적절한 해군기지의 위치를 평가하는 공식과 매우 유사하다. 머핸은 "통로나 좁은 수로의 군사적 중요성은 지리적 위치뿐만 아니라 너비, 길이 및 난이도에 따라 달라진다"고 강조한다. 보다 구체적으로 해협은 "상황"에 따라 그 가치가 달라지는 "전략적 지점"을 나타낸다. 또한 가치는 "공격 목적으로 설치한 장애물과 이로 인해 효력이 발생"하는 "힘"에 따라 달라진다.[47] 해협의 강도를 증가시키기 위해 그 점유자는 적의 이동경로상 기뢰와 같은 장애물을 설치한다.

또한 좁은 해협의 가치는 "특정 지점에 도달하기 위한 시설과 같은 자원 및 이점"에서 파생된다.[48] 특정 항로는 해도 상의 지리적 위치로 인하여 다른 항로들에 비해 중요한 의미를 가진다. 따라서 머핸은 보다 거시적인 지리적 맥락을 평가하지 않은 채 협해에 대해 결론을 내리지 않도록 주의를 환기시킨다. 어떠한 항로의 가치를 정할 때에는 인근 대안의 수와 가용성을 계산하는 것이 중요하다. 만약 장거리 항해를 해야만 하는 적국이 특정 항로를 사용하지 못하는 경우 그 항로의 가치는 배가 된다. 이렇듯 희소성은 항로의 중요성을 배가시킨다. 만약 동일 항로가 두 개의 수역 또는 두 개의 해군기지의 유일한 연결고리인 경우 그 가치는 더욱 커진다.[49]

지리적으로 중요한 위치에 있는 항로는 그 항로의 통행을 통제할 수 있는 국가가 해양에서 이동 시 거리를 단축할 수 있는 큰 이점이 있다. 상대적으로 적국의 선박은 이러한 항로를 이용할 수 없어 더 먼 항로를 찾아 항해해야 하므로 목적지까지 가는 데 더 큰 비용과 에너지가 들 것이다.

예를 들어, 카리브해의 동쪽에 위치한 작은 섬들로 이뤄진 소앤틸리스 제도를 통과하는 해협의 가치는 그리 크지 않다. 쉽게 찾을 수 있는 다른 대안들이 많기 때문이다. 따라서 머핸의 시각에서 바라보면 이러한 지형은 탁월한 장점을 가지고 있지 않다. 단순히 논쟁의 여지가 있는 항로를 우회하면 그만이다.

반면, 지중해를 가로지르는 좁은 "허리"를 가로막는 것은 적국의 해상 이동에 큰 장애를 초래할 수 있다. 1942-43년 사이 영국 증원군과 수송선은 아프리카의 남쪽 끝에 있는 희망봉을 돌아서야 겨우 동지중해에 도달할 수 있었다. 당시 추축국의 수상함대와 항공기가 튀니지 북단으로부터 사르데냐와 시칠리아 사이 항로를 통과하는 수송대를 공격했기 때문이다.[50] 만약 지중해 또는 홍해로부터 접근하는 적의 진입을 거부하거나 지중해 내 적의 이동을 제한할 수 있는 지브롤터 해협과 수에즈 운하를 폐쇄할 수 있다면 그 영향력은 더욱 클 것이다.

따라서 이러한 3차원 공공재를 이해하고 활용하기 위해 수중 지형과 수로학(hydrography)은 매우 중요하다. 머핸의 연구는 주로 해상 운송에 관심을 두었으나 그럼에도 수직적 차원의 분석이 포함되어 있다(참고로 머핸은 제1차 세계대전 초기에 그리고 콜벳은 전쟁 직후, 즉 잠수함과 공중전의 위력을 발휘하기 전에 각각 사망하였다. 따라서 머핸과 콜벳의 연구에는 이러한 수직적 차원의 분석이 상대적으로 적다). 특정 항로가 복잡한 수로, 얕은 수심 또는 천해역(淺海域)* 등의 지형적 특징을 가지고 있다면 해당 항로는 공격 또는 방어 잠재력을 지녔다고 할 수 있다.[51] 탐색하기 어려운 항로는 방자의 입장에서 유리하다. 적국의 입장에서는 해당 항로를 통과하는데 상대편의 방해활동을 제외하고도 지형적 복잡성으로 인해 어려움을 겪을 수밖에 없기 때문이다.

머핸의 분석에 한 가지를 추가한다면 해양 지형은 변할 수 있다는 점이다. 그리고 이러한 변화는 점진적일 수도 급작스러울 수도 있다. 특히 수심이 얕은 해로(海路)는 자연 재해나 악천후로 인해 변화하기도 한다. 기후변화로 인해 극지방 운송 항로를 이용할 수 있게 된다면 북극해 지형 역시 변할 수 있다. 결국 계절의 변화에 따라 빙하 면적은 넓어지기도 좁아지기도 할 것이며 이러한 속도는 불규칙적일 것이다. 전략가들이라면 위험하거나 접근할 수 없게 된 해역이나 항로를 기반으로 작전을 발전시키지 않도록 예의 주시해야 한다.

선원과 비행사가 직업에 대해 생각하는 방식을 형성하는 환경

타 작전영역과 마찬가지로 해양 역시 인간의 생각과 마음을 형성하는 데 많은

* 천해역(淺海域)이란 계절, 지형, 달의 형상에 따라 변화하는 조수와 하류의 영향을 받는 거대하고 복잡한 해양 환경 가운데 해안선과 인접한 원양 환경의 한 부분을 말한다. 해양과 육지가 만나는 지점에서부터 200미터 깊이의 경사가 급하지 않은 지형에 형성된 구역이다(역주).

영향을 끼친다. 소크라테스(Socrates)는 성찰되지 않은 삶은 살 가치가 없다고 경고한 바 있는데,[52] 와일리(J. C. Wylie) 제독은 인간과 전투 공간 사이의 관계에 대해 이러한 소크라테스식 개념을 제시한다. 와일리는 특정 영역의 물리적 특성이 해당 영역에서 작전을 수행하는 사람들의 마음에 각인되며, 이를 통해 해당 영역에서 어떻게 군사작전을 수행할지에 대한 가정(assumption)을 형성한다고 주장했다. 가정은 인간의 담론에 있어 매우 중요한 역할을 수행한다. 결국 논리적으로 증명하기 위한 노력은 그 체계 내에서 증명될 수도 반증될 수도 없는 공리에서 시작된다. 토론 참가자는 이러한 전제를 자명한 것으로 받아들여야 한다.

그렇지 않으면 진전을 이루기가 어렵다. 양립할 수 없는 전제를 바탕으로 시작된 토론은 종종 교착 상태에 빠진다. 토론자들은 공통분모를 찾기가 어렵다. 와일리는 **당신의 입장은 당신이 현재 처한 위치에 의해 결정된다**(where you stand depends on where you sit)는 오래된 격언을 적용하여 **당신의 입장은 당신이 현재 작전을 수행하는 곳에 의해 결정된다**(where you stand depends on where you operate)라고 표현했다. 그는 군인을 여러 다른 학파로 구분하면서 "거의 대부분 실천적인 전략가들"은 본인이 스스로 "의식하든 의식하지 못하든" "대륙, 해양, 항공 이론 및 '민족해방전쟁'의 마오(Mao) 이론"이라는 네 가지 이론 중 하나에 전념한다고 주장했다.[53] 와일리에 따르면 지상군이 적국에 압력을 가하기 위해서는 결정적인 전투가 전제조건이라고 가정한다. 비행사는 하늘에서 지상을 통제할 수 있다고 가정하는 반면, 선원은 제해권이 군사적 성공의 핵심이라고 가정한다고 덧붙였다. 와일리는 선원들에게 그들의 작전 영역에서 비롯된 가정과 편견을 인식하고 합동 및 동맹작전을 통해 교훈을 얻도록 노력할 것을 권고한다. 또한 각 군은 공통된 용어와 가정을 발전시키고 보다 유익한 토론과 전략 수립을 위한 공통점을 찾아가야 한다고 덧붙였다.

해양력이란

분명 바다는 거대한 액체 덩어리 이상의 의미를 지닌다. 서두에서도 언급했듯이 머핸이 주창하는 해양전략이란 동아시아와 서유럽과 같은 무역 중심지로의 상업적, 외교적 및 군사적 접근을 보장하는 것이다. 만약 머핸이 오늘날까지 살아 있었다면 동아시아와 서유럽 지역과 함께 남아시아와 중동 지역 또한 중요지역으로 포함시켰을 것이 분명하다. 실제로 머핸은 중동(Middle East)이라는 단어를 만들기도 했다.[54] 훌륭한 해양전략은 한 국가의 해군이 중요지역에 대한 접근을 보장하고 이를 기반으로 해외 무역이 번성하며 그러한 무역은 다시금 해군을 유지하는 데 필요한 세금을 거둬들일 수 있는 일련의 선순환 유지를 목표로 한다. 이러한 선순환을 유지하는 것이 정치가와 지휘관의 임무이다. 그러므로 해양의 발전을 꾀하는 국가만이 번성할 수 있다.

나아가 머핸은 보다 구체적으로 해양력을 정의하고 어떠한 국가가 해양에서 활동하는 게 더 적합한지를 고민하였다. 이러한 측면에서 그는 열렬한 친영국파이면서도 프랑스 출신의 장 바스티스 콜베르(Jean－Baptiste Colbert)를 높게 평가하였다. 콜베르는 해양력 연구의 기초를 닦았다고 평가받는다. 그는 태양왕으로 더 잘 알려진 프랑스 군주 루이 14세의 통치 기간 동안 해군장관을 역임했다. 또한 프랑스 해군의 창시자로 칭송 받는 성직자이자 정치가인 리슐리외 추기경(Cardinal Richelieu)으로부터 해양 관련 업무를 배웠다. 머핸은 콜베르가 1660년대 루이 왕에 의해 해군장관으로 임명된 시점부터 생산, 함선 및 상선, 외국 식민지와 시장이라는 "해양력을 구성하는 세 가지 연결고리"를 구축하기 시작했다고 본다.[55] 이것이 그가 정의하는 고전적 의미의 해양력이다.

해양력을 갖춘 국가들은 통상 정책적으로 결정된 다른 목표들과 함께 상업적 목표를 추구한다. 머핸은 해양력을 구성하고 서로 긴밀하게 연결된 세 가지 요소를 국내 산업, 해군 및 상업 함대, 해외 기지 및 시장으로 묘사한다. 이러한 상업, 함대 및 기지라는 요소는 이 책의 전반에 걸쳐 해양력의 기초를 이해할 수 있는 토대를 제공하기도 한다. 머핸은 이렇게 표현하지는 않았지만 해양력은 분명코 이러한 세 변수의 덧셈의 합이 아니라 곱셈의 결과이다. 생각해보자. 만약 해양력의 세 가지 요소 중 하나라도 0에 수렴한다면 그 국가의 전망은 그리 밝지 못할 것이다. 만일 국가 경제가 피폐해졌다면 정부는 상선의 필요성도 느끼지 못할 뿐만 아니라 상업을 보호하기 위한 최소한의 자금도 해군에 지원할 수 없다. 국내 생산자가 판매할 상품이 없으므로 해외 진출의 필요성 또한 적기 때문에 해외 시장과 해군 기지 또한 필요치 않다.

다소 과장될 수는 있으나 대부분 사실이다. 산업강국은 다소 역량이 부족한 해군이나 상업 함대만으로도 그럭저럭 생존할 수 있다. 산업강국은 국내에서 제품을 제조하고 해외에서 판매할 수 있다. 그러나 만약 정부가 상선과 해군 함선에 대한 투자를 거부한다면, 그 정부는 경쟁국이 현명하게 대처해 줄 것이라는 불확실한 선의에 기대어 국가의 경제적 운을 맡기는 것과 진배없다. 적대국의 해군이 무역에 필요한 공공재를 폐쇄하기라도 한다면 자국의 상품은 외국 선박을 이용하여 운반해야 할 것이며 문제가 발생할 시 도움을 요청하기도 어려울 것이다.

만약 원자재, 완제품 및 군사력을 운송하기 위해 바다를 사용할 수 있는 능력인 해상교통로가 정치적 또는 군사적 전략에 있어 가장 중요한 요소이고, "탁월한 해양력"이 해상교통로를 통제할 수 있는 역량에서 기인하는 것이라면 "이러한 교통로를 지키고" 동시에 "적을 대상으로는 방해할 수 있는" 힘은 그 국가 경제의 근간에 큰 영향을 미친다.[56]

연안국 해양 접근을 차단하는 것은 흡사 식물의 뿌리를 자르는 것과 같다. 영양분을 제대로 공급받지 못한 산업은 시들어버릴 것이고 이내 죽을 것이다. 경제적 운을 적대국에게 맡기는 산업강국은 그 경제 근간이 잘려 나간 것과 같다. 이러한 국가는 머핸의 말을 빌려 아무리 좋게 표현한다 해도 부분적인 해양강국에 불과하다. 이는 다른 국가에게 국운을 맡기는 것과 다름없다.

외국 시장과 항구에 접근할 수 없는 산업강국 역시 아무리 상선과 해군 함대를 운영하기 위한 예산을 늘린다 하더라도 그 결과는 그리 좋지 못하다. 그렇기 때문에 머핸은 접근이라는 개념에 무게를 둔다. 그는 접근의 개념이야말로 해양전략의 목표이자 이를 추진할 수 있는 원동력이라고 본다. 이에 머핸은 전방 배치된 해군 기지 또한 중요시한다. 한 국가의 해양력을 추정하기 위해서는 해외 상거래를 지속하고 상업 및 해군 선박을 건조, 진주 및 운항할 수 있으며, 전방 항구 및 기지에 대한 접근이 가능한지에 대해 총체적으로 보아야 한다. 진정한 해양 강국은 해양력을 구성하는 세 가지 연결고리를 만들 수 있어야 할 것이다.

어떤 국가가 머핸의 "해양력 요소"를 갖추고 있는가

머핸은 미국이 해양강국이 되기를 독려하기 위해 글을 쓰면서도 동시에 과거 대영제국, 네덜란드, 포르투갈 및 스페인 제국이 해양패권 국가가 될 수 있었던 기준에 충족하기를 원했다. 그는 이러한 국가들이 위대해질 수 있었던 요인에 대해 연구하기 시작했다. 그는 해양 역사에 대한 연구를 통해 여섯 가지 "요소", 즉 국가가 해양으로 나아가는 데 갖추어야 할 국민성과 함께 경제 및 물리적 힘의 결정 요인을 밝혀냈다(이 장에서는 "영토의 범위"와 "인구수"라는 두 가지 요인을 하나의 인구통계학적 결정요인으로 통합하여 설명한다).

19세기 미국 역사상 가장 영향력 있는 책으로 손꼽히는 그의 저서 **해양력이 역사에 미치는 영향**(*The Influence of Sea Power upon History*), 1660–1783을 통해 해양력 요소에 대한 생각을 제시하였다.[57] 해양력은 국내로부터 시작되며 자원뿐만 아니라 국민, 정부 및 해군의 결단과 의지를 필요로 한다. 그렇지 않으면 항해에 사용될 수 있는 자원이 다른 목적으로 사용되거나 내륙에 남기 때문이다. 머핸이 제시한 해양력을 결정하는 요인에는 지리적 위치, 자연조건, 인구수, 국민성, 정부의 성격과 정책이 있다.

지리적 위치

머핸은 항공 및 지상을 위한 전략과 달리 해양전략은 전시와 평시 동일하게 운용된다는 점을 강조한다. 해양전략은 "전평시 공히 한 국가의 해양력을 건설하고 지원하며 동시에 발전시키고자 하는 목표"를 가지고 있다.[58] 열정적으로 쉴 새 없이 추진되는 전략의 한 분야이다. 진취적인 전략가들은 상업적, 외교적 노력과 해전을 위해 자국의 역량을 강화하기 위해 쉬지 않고 전력투구한다.

육지 국경이 안전하게 유지되거나 아예 국경이 없는 해양국가의 경우 지리적으로 축복받았다고 할 수 있다. 국내 안정적인 안보환경으로 인하여 전략가들은 보다 자유롭게 해외에 관심을 기울일 수 있다. 머핸은 이러한 지리적 이점을 가진 국가로 대영제국을 예로 들고 있다. 영국은 육로를 통한 침공을 경계해야 할 국경을 가지고 있지 않다. 이로 인하여 영국의 수뇌부는 해군 지배력(naval mastery)*을 강화하던 기간 동안 "통일된 목표"를 가지고 해양활동에 전념할 수 있었다. 반면 네덜란드는 지상 방어에 많은 노력을 기울여야 했다. 네덜란드 통치자들은 극동에 이르는 해양제국을 건설하는 동안에도 외부 침략자들로부터 독립을 지키기 위해 대규모 군을 유지해야 했다. 프랑스의 경우 네덜란드와 정반대의 문제에 봉착하였다. 즉 프랑스 수뇌부는 공격을 먼저 하는 것이 유리하다고 판단했던 것이다. 프랑스 군주는 프랑스가 토지 정복과 영향력을 목표로 공세적인 작전에 "때로는 지혜롭게 그리고 때로는 너무도 어리석게 지속적으로 기울어져 있었음"을 깨달았다.[59] 지상 국경을 가진 국가는 해양 활동에만 집중하는 것이 쉽지 않다.

지리 역시 한 국가가 동시에 여러 해안을 방어하기 위해 병력을 분할 배치해야만 하는 요인 중 하나이다. 머핸은 대영제국 해군의 경우 영국 제도 전역에서 자유롭게 이동할 수 있었고 필요시 함대를 집중할 수 있었다고 설명한다. 반면 프랑스는 그럴 여유가 없었다. 이베리아 반도는 프랑스 대서양과 지중해 연안 사이에 대서양으로 돌출되어 있으며, 영국의 거점인 지브롤터 해협이 그 사이에 끼어 있다. 이러한 지리적 여건으로 인해 프랑스는 대서양과 지중해 사이에서 함대를 "스윙(swing)"하듯이 이동시켜야 했으나, 영국을 비롯한 적국이 지브롤터 해협 내 프랑스군의 이동을 차단하고 나아가 전략을 방해할 가능성이 농후했다. 이는 방어해야 하는 수 개의 해안선을 가진 모든 국가가 직면한 딜레마이다.

미국은 지리적으로 남북에 우호적인 국가들이 그리고 대서양과 태평양이라는 수중 성벽을 가지고 있다. 영국과 같은 섬은 아니지만 유사한 점이 많다. 좁은 북해와 영국 해협이 영국의 해상 완충 역할을 한다면, 미국은 보다 넓은 자연적 방어 지형을 가지고 있다. 다른 한편으로는 미국의 북쪽에는 캐나다가 남쪽에는 멕시코

---

* 폴 케네디 교수(Paul M. Kennedy)는 그의 저서 영국 해군 지배력의 역사(*The Rise and Fall of British Naval Mastery*)를 통해 해군 지배력(naval mastery)은 한 국가가 해양력을 크게 발전시켜 다른 어떤 경쟁국보다 우월해지는 상황, 그 나라의 우세가 본국 해역을 벗어나 아주 멀리까지 미치거나 미칠 수 있는 상황, 그 결과 그 국가의 묵시적인 동의가 없는 한 힘이 약한 다른 국가가 해양에서 작전이나 교역을 하는 것이 아주 어려워지는 상황을 의미한다고 주장한다.

가 위치하고 있어 미국은 해양 이동에 제약을 받는 동시에 두 개의 대양전략(a two-ocean strategy)을 추진할 수밖에 없었다. 즉 미국의 지리는 미국이 두 개의 해양으로 해군을 나누어 배치할 수밖에 없게 만든 요소이다.

그러나 1915년 파나마 운하가 개통되기 전 해안에서 해안으로 선박을 이동시키는 것은 큰 도전이었다. 선박은 남아메리카 최남단에 위치한 케이프 혼을 거치면서 긴 거리와 기상악화를 마주해야만 했다. 머핸, 시어도어 루스벨트(Theodore Roosevelt) 그리고 19세기 해군학자들의 연구 결과는 지리적으로 불비한 여건이 주는 어려움을 잘 보여준다. 파나마 운하는 일정부분 도움이 되었으나 미 해군은 1940년 의회가 양대양 해군(two-ocean navy) 건설을 승인할 때까지 양 연안을 가지고 있는 딜레마에서 완전히 벗어나지는 못했다.[60] 오늘날 해군 봉쇄나 다른 군사적 행동으로 인하여 운하가 폐쇄되는 경우 미국 함대는 스페인 전쟁 기간 동안 USS 오레곤이 태평양 기지로부터 카리브해까지 도달하기 위해 남아메리카를 일주해야 했던 것과 동일한 경로를 일주해야 한다.[61] 또한 기후 변화로 인해 매년 부분 또는 전체적으로 북극해를 항해할 수 있는 경우 미국 태스크포스(task force)는 북극 항로를 취할 수도 있다.

어느 쪽이든 적대국이 파나마 운하에서의 이동을 저지한다면 미국이 가진 지리적 여건은 미국의 해양전략 추진에 있어 장애물이 될 수도 있다.[62] 이러한 위험성은 미 의회가 양 해안에 다른 쪽 해안의 지원 없이도 임무 수행이 가능할 정도의 크고 강력한 해군 함대를 배치하지 않는 한 지속될 것이다. 오늘날 이러한 양대양 표준을 충족하는지 여부는 별개의 문제이다.[63]

항해 국가는 해양에 접근하기 쉽고 동시에 중요한 항로 근처에 위치한다는 장점이 있다. 머핸은 “공해에 쉽게 접근할 수 있는 동시에 세계 교통의 가장 큰 해상교통로 중 하나를 통제할 수 있는 국가”라면 그 국가는 진정으로 운이 좋은 전략적 위치에 있다고 할 수 있다고 말했다.[64] 영국이 그러한 경우다. 영국 제도는 북해를 연결하는 해상 루트에 인접해 있으며 동시에 발트해와 넓은 대서양을 연결한다. 독일과 네덜란드는 과거 해전에서 심각한 불리한 상황에 놓이곤 했는데, 이는 그들의 주요 적국이 공해로의 직접적인 접근을 방해했기 때문이었다. 영국 왕립해군은 영국 해협과 스코틀랜드, 노르웨이를 분리하는 북부 해역을 봉쇄하기만 하면

된다. 오늘날 만약 NATO－러시아 전쟁이 발발한다면 러시아 발트 함대 역시 발트해에서 탈출하는 데 어려움을 겪을 것이다.

미국은 두 대양에 쉽게 접근할 수 있으며 충분한 결의와 자원만 있다면 파나마 운하 접근에 대해 우위를 점할 수 있다. 또한 인도의 경우 아대륙의 긴 해안선은 인도 해군이 봉쇄를 우회할 수 있도록 하는 반면, 남쪽 끝은 이 지역으로 향하는 다양한 통로 사이에서 문자 그대로 인도양을 가로지르는 해로와 인접해 있다. 이것은 누구나 부러워할 만한 전략적 위치이다. 그러나 공세적인 중국과 국경을 맞닿고 있어 인도에 대한 전략적 전망을 어둡게 한다. 인도가 육로를 포기하지 않는 한 모든 자원을 해양력 건설에 쏟아 부을 수는 없다.

한편 섬으로 이루어진 두 개의 동심원으로 둘러싸여 서태평양과 인도양에 접근이 어려운 중국의 경우를 살펴보자. 두 개의 동심원은 제1도련선과 제2도련선으로 이루어져 있으며, 미국에는 우호적이나 중국에게는 잠재적으로 적대적인 국가들을 잇는 선이다.[65] 미국의 동맹은 손쉽게 제1도련선을 관통하는 해협을 봉쇄할 수 있다. 상황이 이렇다 보니 중국은 공해상에서의 상업적, 군사적 접근을 걱정하기 전에 해안과 바로 접해 있는 해양에 접근하는 것조차 우려해야 하는 상황이다. 다시 말해 중국은 강대국 중에서도 거의 유일하게 전략적으로 매우 불리한 위치에 자리잡고 있다. 중국 지도부는 톈진이나 상하이에서 선박을 띄우고 항해를 시작할 때부터 목적지에 정박할 때까지 접근에 대해 끊임없이 걱정해야만 한다.

머핸은 다양한 전략적 지형의 중요성을 이해하기 위해 과거 유럽 해양 역사를 살펴보았고 지중해와 카리브해 간 "여러 가지 측면에서 두드러지게 유사한 점"을 발견한다. 이러한 두 지역의 유사성은 파나마 운하의 개통으로 인해 큰 변화를 겪게 되는데, 이는 카리브해와 걸프만에 있어 지브롤터 해협이나 수에즈 운하에 대응할 정도의 변화이다. 이와 같이 지형에 대한 인위적인 변화는 전략적으로 엄청난 결과를 초래할 수 있다. 서유럽에 위치한 수에즈 운하로 인해 남미 끝단의 케이프혼이나 아프리카 희망봉을 거치지 않고 홍해로 나아갈 수 있다. 머핸은 파나마 운하 역시 카리브해와 멕시코만을 "세계에서 가장 큰 고속도로 중 하나"로 변화시켰다고 표현했다. 중앙아메리카 수로를 통하면 대서양에서 출발하는 선박들이 태평양 또는 인도양에 도달하기 위해 남아메리카 또는 아프리카를 일주할 소요를 줄

일 수 있다.[66]

해안 또는 반폐쇄(semi-enclosed) 해역에서 전략을 수립하는 데 필요한 통찰력을 얻고자 한다면 지리적 분석에 역사 연구를 포함시켜야 한다. 지리적 위치는 그 자체로 운명을 결정짓는 것은 아니지만 그럼에도 매우 중요한 요소이다. 해양전략을 발전시키기 위해서는 먼저 지도를 살펴봐야 한다.

자연조건

머핸은 한 국가의 해안선을 따라 전략적으로 배치된 항구를 해양 지휘에 있어 중요한 요소로 본다. 항구는 해양으로의 상업적 및 군사적 접근을 제공한다. 그는 해양 접경지역의 특성을 놀랍도록 현대적인 용어 "접근(access)"을 사용하여 해안을 국경 중 하나로 묘사한다.

멀리 떨어진 지역에 대한 상업적, 정치적, 군사적 접근은 해양전략의 목표이자 원동력과도 같지만 접근 자체는 국내에서 시작된다. 긴 해안선은 이상적인 조건이지만 공해로 접근할 수 있는 항구가 없다면 그 가치를 상실할 수밖에 없다. 머핸은 해안선을 따라 더 훌륭하고 많은 항구가 위치하면 할수록 그 국가는 "나머지 세계와 교류하고자 하는 경향성은 더욱 커질 것"이라고 주장한다.[67] 일부 항구는 상선과 함선 모두 입항함에 따라 두 가지 임무를 동시에 수행하기도 한다.

항만은 해양 공공재로부터 국내 진입과 더불어 해양 공공재로의 진입장벽을 낮춘다. 기반시설과 기지를 위한 항구는 과연 어떤 항구일까? 첫째, 항구 자체가 존재해야 한다. 머핸은 "만약 긴 해안선을 가졌지만 항구가 전혀 없는 국가라면", 해상무역이나 해양력을 위한 전망은 하기는 어려울 것이라고 말했다.[68] 부두, 조선소, 탄약고 및 기타 시설을 설치하기에 적합한 항구는 필수적이다. 해변을 가로질러 화물을 대량으로 운반하는 것은 원해에서 닻을 내리고 상선 또는 함선을 수리하는 것과 같이 비현실적이다. 인공 항구를 건설하는 것이 가능은 하나 막대한 비용과 기회비용이 수반된다. 즉 인공 항구를 건설하는 데 드는 비용으로 인해 이보다 더 필요로 하는 분야에 자원을 투입할 수 없을 것이다. 설사 인공 항구를 건설하고자 하지만 그럴 여력이 없는 국가 또한 많다.

둘째, 좋은 항만은 수심이 깊어 모든 형태와 크기의 선적을 수용할 수 있어야 한다. 수심이 얕거나 수로가 너무 복잡하여 배가 항구에 진입하거나 빠져나가기 위해 급회전을 해야만 하는 항구는 대형 화물선과 군함이 접근하기 어렵다. 딥 드래프트 선박을 수용할 수 있도록 준설 공사와 같은 대규모 공사를 하지 않는다면 항구의 사용은 매우 제한적일 것이다. 그러나 대규모 공공 사업은 막대한 기회비용을 요한다. 물론 그러한 항구도 없는 것보다는 나을 수 있겠으나 해양전략상 선택의 대상은 아니다.

셋째, 항만의 수는 많아야 한다. 해양 공공재로 나아갈 수 있는 항만이 많은 국가의 경우 상품과 원자재가 생산자로부터 소비자에게 이르는 흐름이 원활하다. 특히 주요 강의 입구에 있는 항구는 그 가치가 더욱 높으며 바다와 오지를 연결하는 수상 접근로를 제공한다. 이러한 항구의 대표적 예로 뉴올리언스, 로테르담, 상하이가 있다.

또한 다수의 항만은 국가의 전략적 포트폴리오를 다양화하여 봉쇄를 시도하려는 적 해군의 측면을 포위하는 데 유리하다. 단일 항구를 방어하는 것은 비교적 간단한 문제이다. 적은 단순하게 모든 노력과 자원을 한 곳에 집중할 것이기 때문이다. 그러나 많은 항구를 봉쇄해야 한다면 함대를 여러 전대로 나누어 각 항구를 차단해야 한다. 그렇게 함으로써 적 함대는 힘을 한 곳에 결합하고 집중하기보다 상대적으로 약한 소규모의 부대로 분산한다. 적 함대가 분산될수록 봉쇄의 강도는 저하된다. 각 전대의 힘이 약할수록 봉쇄를 피해 해양에 도달하고자 하는 국가가 성공할 가능성은 커지며 나아가 싸움에서 승리할 가능성 또한 커진다. 해안선을 따라 길게 늘어선 적의 봉쇄 임무는 무기한 연장되고 군데군데 구멍이 새는 것과 같아 종국에 더 이상 지속하기 어려워진다.

넷째, 항구는 방어가 가능해야 한다. 머핸은 1667년 네덜란드 해군이 템스강 어귀에서 모항에 있던 영국 해군 함대 대부분을 예인하거나 불태웠다는 점을 상기시켰다. 1814년 영국은 체서피크만을 침공하여 미 행정부 건물(현 백악관)을 불태웠다.[69] 이렇듯 항구에 대한 방어를 소홀히 하는 것은 심각한 위험을 초래한다.

마지막으로 머핸과 같은 전략가들에게 있어 항구가 가져야 할 가장 큰 장점은 지리적 위치이다. 항로와 가까이 위치한 항구는 국가의 상업 및 해군에 큰 도움이 된다. 기술자들은 항구의 방어, 기반 및 물류시설을 보다 개선시킬 수 있으나, 중요 수역, 좁은 해협 및 적 기지와 같은 해안 지역으로 항구를 옮길 수는 없다. 수에즈, 파나마 운하 및 합리적인 비용을 들여 건설할 수 있는 소수의 좁은 지역을 제외하면 지리적 위치는 물리적으로 고정되어 있고 항구 불변이다.

지리적 위치가 반드시 항구의 운명을 결정짓는 것은 아닐 수 있으나 항구를 건설하는 데 있어 필수적인 요소인 것만큼은 틀림없다. 앞서 언급했듯이 파나마 운하는 머핸이 자주 인용하는 예이다. 그는 연구를 통해 미국이 파나마 지협과 가까운 카리브해와 걸프만 지역 내 전진기지가 필요한 이유에 대해 강조했다. 이러한 측면에서 그는 키웨스트, 펜사콜라와 심지어 뉴올리언스가 가지고 있는 부족함을 걸프만 항구에서도 발견했다. 이러한 항구들은 상선을 규제하거나 영국과 독일 해군의 위협을 막기 위해 주요 분기점을 순찰하는 전함을 지원하기에는 파나마에서 너무 멀리 위치하고 있었다. 더구나 영국 해군은 자메이카의 카리브해 기지 내 대서양과 지협을 연결하는 해로를 가로지르는 유리한 위치를 차지하고 있었다. 이것은 미국의 입장에서 결코 도움이 되지 않을 것이다(제2장에서 전략 상 지리적 위치의 역할에 대해 다시 살펴볼 것이다).

또한 머핸은 물리적 지형에 대해 다른 해석을 제시하였다. 예를 들어, 국가의 일부가 바다로 둘러싸여 있거나 본토와 완전히 분리되어 있는 경우 인근 해역을 지휘할 수 있는 해군을 배치하는 것은 필수적이다. 이탈리아는 거대한 산등성이에 의해 동쪽과 서쪽으로 분리된 반도로 해안을 따라 남북이 노출되어 해상으로부터 공격을 받을 수도 있다.[70] 보다 심각한 다른 예로 일본 제국의 경우 경제 발전을 위해서는 석유와 고무 등 천연자원 수입에 의존할 수밖에 군도이다. 섬 국가와 자원을 공급하는 수출국을 연결하는 해로를 파괴하거나 일본 섬 간의 교류를 차단하는 것은 일본에 있어 큰 재앙과도 같다. 이것이 바로 미 태평양 함대가 제2차 세계대전 중 수행한 임무였다. 그 결과 일본 해군이 더 이상 인근 해역을 지휘할 수 없게 되면서 일본은 패망에 이르렀다.

또한 그는 한 국가의 물리적 지형에 따라 그 국민이 바다나 육지 또는 그 둘 모두로 향하는지가 결정되고 그로부터 국가의 정치적, 전략적 문화에까지 영향을 미친다고 주장한다. 문화는 사람들이 세상과 그 안에서 자신들의 위치를 보는 방식을 형성하므로 정치와 전략은 문화로부터 비롯된다고 할 수 있다. 즉 물리적 환경은 국가가 해양전략에 접근하는 방식을 결정하는 데 간접적으로 영향을 미친다.[71] 머핸은 19세기 말 미국과 과거의 항해 사회들 간의 비교를 통해 긍정적 요소와 부정적 요인 모두 발견할 수 있었다. 그는 영국과 네덜란드 모두 천연 자원의 부족으로 어려움을 겪었다고 밝혔다. 두 나라는 번영을 찾아 바다로 모험을 떠나는 것과 가난 속에서 대륙에 머무르는 것 사이에서 선택의 기로에 놓였다. 네덜란드의 경우 상황은 더욱 심각해서 그는 "만약 영국이 바다에 이끌렸다면 네덜란드는 바다로 떠밀려 갔고, 바다가 없어 영국은 시들었지만 네덜란드는 죽었다"고 표현했다.[72]

천연자원의 부족은 두 국가를 필연적으로 바다로 향하게 만들었고 결과적으로 두 국가는 17세기 해양패권을 놓고 경쟁하였다. 영국은 네덜란드 해운과 네덜란드의 해외 제국을 연결하는 해로를 끼고 있는 지리적 위치로 인하여 크게 우세했다. 두 국가는 바다로 향했고 머핸은 미국 역시 그 뒤를 따르길 바랐다. 그러나 미국은 영국과 네덜란드와는 다른 위험에 직면했는데, 이는 아이러니하게도 미국의 천연 자원이 너무나 풍부했다는 점이다. 미국이 북아메리카 대륙으로 모든 관심과 열정을 쏟고 해양문제를 소홀히 한다 해도 미국은 위축되지도 죽지도 않을 것이다. 오히려 번영할 수도 있다.

그런 점에서 미국은 "사람들이 필요로 하는 것보다 더 많이 생산하는 쾌적한 땅과 기후"로 저주받은 프랑스를 닮았다. 바다를 건너는 것은 프랑스인들에게 삶과 죽음의 문제가 아니었기 때문에 지도자들은 상업 및 군사적 항해에만 집중하지 않았다. 프랑스는 태양왕 루이 14세의 통치 기간 동안 위력적인 함대를 건설했지만, 왕실의 관심이 대륙 정복에 집중되면서 급격히 위축되었다. 북미의 물리적 지형은 미국 지도자들과 시민들에게 내륙에 남을 수 있는 선택지를 제공했다. 그리고 머핸은 미국이 이러한 방안을 선택할까 봐 걱정했다. 이러한 의미에서 자원은 혼합된 축복과도 같다. 자연의 풍요로움은 미국이 바다로 향하게 하는 강력한 동기를 박탈했다.[73]

다시 한번 세상을 둘러보자. 1812년 전쟁 동안 영국 해군은 뉴잉글랜드를 봉쇄하여 미국의 해양력을 질식시켰다. 미국 상선과 함선 모두 항구에 매여 있을 수밖에 없었던 것이다.[74] 그러나 당시 미국은 대서양 해안을 따라 몇 개의 주만 남아 있을 때였고, 도로와 상품을 운송할 수 있는 내부 기반시설 역시 매우 기초적인 수준이었다. 해안 수송을 통해 주 사이에 상품을 운송했다. 따라서 엄격한 봉쇄는 국내 그리고 국외 모든 상업을 모두 방해했다. 미국은 서부 국경이 공식적으로 폐쇄된 1890년까지 대륙 전역으로 퍼졌다. 항구를 발전시키고 생산 및 유통을 연결하기 위해 도로와 철도를 건설했다. 그때부터 가장 강력한 적이라도 북아메리카를 봉쇄할 수 없을 정도였다.

반면 중국은 앞서 언급한 이유로 인하여 봉쇄에 취약하다. 중국은 북쪽의 발해 해역으로부터 남쪽의 상하이와 홍콩에 이르기까지 해안 경제 허브가 발달되어 있다. 그러나 제1열도선은 중국의 전 해안선을 둘러싸고 있다. 제1열도선 측면에 위치한 항구는 없다. 상업은 중국을 바다로 향하게 만들었지만 제1열도선 주변 국가들로 인하여 일종의 잠재적인 방어벽에 직면해 있다. 인도 아대륙에는 그러한 장애물이 없지만 긴 해안선에는 사용 가능한 항구가 거의 없다. 이것이 뉴델리가 막대한 비용을 들여 항구를 건설하는 이유이다. 요컨대 머핸의 분석틀은 자신을 아는 것뿐만 아니라 미국 해양전략의 운명에 영향을 미칠 수 있는 동맹, 적 그리고 제3국가의 능력을 평가하는 데에도 유용하다.

인구수

머핸이 제시한 “영토의 범위”와 “인구수”라는 두 가지 결정요인은 하나의 인구통계학적 해양력 지수로 합치는 것이 적절해 보인다. 그는 두 가지 결정요인을 통해 국가의 평방 마일과 해안선의 길이 대비 인구 밀도뿐만 아니라 국민의 기술과 적성을 언급하고 있다. 두 결정요인 모두 해상력의 기본 속성으로서의 인구 통계를 보여준다.

머핸은 국가의 물리적 크기 대비 인구수를 시작으로 인구수의 중요성을 강조한다. 그는 이를 전략에 있어 영원한 문제 중 하나인 집중과 분산의 문제로 본다. 인구가 희박한 국가는 해상 침략으로부터 스스로를 방어하기가 어렵다. 머핸은 미국 남북전쟁 간 봉쇄 임무를 맡았던 경험을 바탕으로 이에 대한 예를 들고 있다.

그는 "만약 남쪽이 호전적인 만큼 많은 인구수와 해양강국으로서 다른 자원에 상응하는 해군을 가지고 있었다면 긴 해안선과 수많은 만(灣)은 큰 강점으로 작용했을 것이다"라고 언급했다.[75]

그러나 남부연합은 북부연방 해군에 대항하여 항구와 만을 효과적으로 방어하기에는 수적으로 너무나 열세했다. 그들은 또한 해안을 따라 어설픈 북부연방의 봉쇄를 뚫기 위해 집결할 인력, 배 또는 무기조차 부족했다. 결국 남부연합은 해안뿐만 아니라 내부 수로에 대한 통제력을 상실했다. 북부연방의 군함은 미시시피와 그 지류를 무자비하게 순항하여 남부연합을 내부로부터 분열시켰다. 남부연합은 호전적인 정신만은 칭찬할 만한 수준이었지만 그 어떤 것도 영토를 방어하기에 부족한 인구수를 극복할 수는 없었다.

또한 머핸은 전체 인구 중에서도 해양산업에 종사하는 그룹에 대해 강조한다. 그는 단순히 전체 인구수가 아닌 "해양과 관련된 업종에 종사하는 인구수 또는 즉시 선원이나 해군 물자 제작을 위해 고용될 수 있는 인구수를 계산"해야 한다고 말한다.[76] 또한 기술적 독창성은 오늘날과 같은 초현대 시대에 필수이다. 보다 우월한 무기와 장비는 해상권을 보장하진 못하지만 적어도 전술적 및 작전적 우월성을 부여할 수 있다. 더 나은 기술은 부족한 인구수를 어느 정도 상쇄할 수 있다. 조선공과 항공 제작사뿐만 아니라 소프트웨어 개발자, 사이버전 전문가 및 바다와 직접적으로 관련이 없는 기타 분야까지도 해양전략에 있어 매우 중요하다. 머핸 역시 동의할 것이라고 믿는다.

결과적으로 전체 인구수가 많은 국가라 할지라도 총인구수는 적지만 해양 관련 분야에 종사하는 인구수가 많은 경쟁국가에게 해상에서 압도될 수 있다. 한 예로 18세기 프랑스는 더 많은 인구를 보유하고 있었음에도 불구하고 대영제국과의 해전에서 고전을 면치 못했다. 영국은 육지를 중시하는 프랑스는 따라잡을 수 없는 수준의 해양 관련 전문성을 갖추고 있었다. 결국 프랑스군은 대규모 상비군을 유지해야만 했지만 영국군은 소규모 왕립군으로도 충분했다.

영국은 능숙한 리더십을 통해 자국의 전문 인력 풀을 충분히 활용했다. 머핸은 이를 1793년 프랑스와의 전쟁 발발 시 에드워드 펠류(Edward Pellew) 선장이 어떻게 호위함 선원을 소집했는지와 연계하여 설명한다. 당시 노련한 신병이 턱없이 부족했기에 펠류 선장은 신병 모집을 위해 콘월 광산을 찾았다. 그는 "광산의 열악한 여건과 이와 관련된 위험을 통해 광부들은 해양이라는 어려운 환경 속에서도 요구되는 임무에 빠르게 적응할 수 있을 것"이라고 생각했다.[77] 그리고 실제로 그의 생각은 맞았다. 단 몇 주간의 훈련을 거친 그의 광부 선원들은 숙련된 프랑스 함대에 맞서 싸웠고 전쟁에서 최초로 적의 호위함을 노획하는 성과를 올렸다.

따라서 머핸이 해양전략과 관련하여 제시하고자 하는 인구통계란 항해와 직접적으로 사람들만을 뜻하는 것은 아니다. 미국과 같은 사회는 특별히 호전적이라 볼 수 없다. 미국은 평시 대규모 상비군을 배치하기 꺼려하므로 전쟁 발발 시 신속한 승리를 거둘 가능성은 그리 크지 않다. 머핸은 평화를 사랑하는 국가라 할지라도 전쟁 발발 시 방어할 수 있도록 평시부터 충분한 군사력을 유지해야 한다고 조언한다. 해군, 상선대 및 조선업 등 예비군 자원을 포함하여 필요시 해군 전력으로 전환할 수 있는 충분한 잠재력을 갖춘 국가의 경우 전쟁이 발발하더라도 조금만 시간을 벌 수 있다면 적과 동등한 조건에서 싸우고 결국 승리할 수 있을 것이다.

이와 관련한 예로 1941년 12월 7일 일본의 진주만 공습으로 인하여 미국이 직면한 상황을 살펴보자. 1940년대 미국 의회가 양양해군법을 승인했지만, 1943년까지는 조선소를 통해 전투원과 상인을 대량으로 배출해야 했다. 이후 새로운 부대는 대서양과 태평양 작전 지역으로 배치되기 전 훈련을 거쳐야 했다. 새로운 부대가 배치되기 전까지 미 태평양 함대 사령관들은 진주만 공습으로 남은 병력과 함선을 집결하여 자체적으로 기습작전을 감행하기도 했다. 동시에 서태평양으로 잠수함을 파견하여 일본 해군과 상선대를 공격하기도 했는데, 모두 새로운 함대가 전장에 도착하여 전략적 공세를 뒷받침할 때까지였다.

일본의 약 10배에 달하는 경제 규모와 그에 따라 훨씬 더 큰 군사적 잠재력을 지닌 미국이지만 잠재력을 실제 운용 가능한 군사력으로 전환하기 위해서는 어느 정도의 시간이 필요했다. 그리고 미 해군은 초기의 심각한 열세에도 불구하고 시간을 자국에게 유리한 방향으로 활용할 수 있었다. 머핸이 이를 봤다면 분명 흐뭇해했을 것이다.

요컨대 해양강국이 되고자 하는 국가는 가지고 있는 많은 물적 그리고 인적 자원을 활용한다. 머핸은 미국이 전시 해군 전력으로 전환이 가능한 대규모 상선대, 즉 대규모 상업을 유지하길 바랐다.[78] 이것이 머핸이 우려하던 미국의 인구통계학적 결점을 상쇄하면서도 자국의 문화와 회복력을 유지할 수 있는 방법이다.

국민성

주로 상업적 성격을 띤 해양력을 추구하는 비전에 걸맞게 머핸은 해양력에 있어 경제의 핵심적인 역할을 강조한다. 시편에서 선원들을 "배들을 바다에 띄우며 큰물에서 일을 하는 자"라고 명시한 것은 결코 우연이 아니다(시 107:23; 필자 강조). 이 책을 통해 반복해서 강조하듯이 경제적 이익은 해양전략의 주요 목표이자 그 원동력이다. 사람들은 이익을 찾아 바다로 향했고 이러한 이익을 보호하기 위해 외교적 활동과 해군에 자금을 지원한다. 신중하게 관리한다면 이러한 순환은 지속적으로 유지될 것이다.

머핸은 국내에서 제조하고 해외에서 무역을 하려는 경향 그리고 항해 시대의 네덜란드와 영국의 경우 국내 천연자원의 부족이 이들을 바다로 향하게 만든 배경이라고 보았다. 사실 그는 국가가 가지고 있는 진취적인 성향이 바다에서 성공하기 위한 주요 자격 요건이라고 명시하면서 "교역할 수 있는 상품의 생산을 필연적으로 수반하는 무역을 하고자 하는 경향은 해양력 발전에 있어 가장 중요한 국가적 특성이다"라고 선언한다.[79]

따라서 해양강국이 되기에 적합한 국가는 주로 상업을 중심으로 한 해양문화를 가지고 있다. 강한 군사력 또한 도움이 되지만 이는 부수적이다. 머핸의 시각에서 보면 해양전략과 마찬가지로 정치 및 전략 문화에서 상업이 가장 중요한 위치를 차지한다. 머핸이 "탐욕"에 가깝다고 표현한 물질적 이익을 추구하는 성향은 항해 문화에 뿌리 깊게 박혀 있다고 명시하면서, "만약 해양력이 실제로 평화롭고 광범위한 상업에 기반한다면 상업적 이익을 추구하는 성향은 역사적으로 해양강국이 가지고 있던 눈에 띄는 특징이라 할 수 있다. 모든 사람은 정도의 차이는 있겠으나 이익을 추구하고 돈을 싫어하는 사람은 없다"고 언급했다.[80]

더불어 그는 국가가 어떻게 상업을 추진하는지가 중요하다고 하면서 독창성 또한 상업의 일부분이라고 덧붙였다. 몇몇 국가의 경우 운이 좋지 않았는데, 머핸은 스페인과 포르투갈 제국을 사로잡은 것이 "지독한 탐욕"이라고 주장한다. 이러한 국가들은 동인도와 서인도 제도, 브라질, 멕시코와 같이 새롭게 개척한 지역에서 "새로운 산업" 또는 "건전한 탐험과 모험"을 추구하지 않았다. 이들은 단순히 세속적인 "금과 은"만을 좇았다.[81] 이베리아 제국의 경우 국내에서 생산과 조선업을 육성하여 경제적 발전을 위한 토대를 구축하기보다 인도에서 천연 자원을 추출하는 동시에 무역을 다른 국가들에게 위임했다. 그에 반해 영국과 네덜란드는 기업가 정신을 키우는 등 무역과 관련하여 주도적으로 임하여 훨씬 더 좋은 성과를 거두었다.[82]

유럽의 해양 문화에 대한 머핸의 평가는 부분적으로 경직된 측면이 엿보이는데, 이는 정치적으로 잘못되었기 때문이다. 그는 모든 항해 국가에 대하여 "국민성에서 비롯된 사회적 정서는 무역에 대한 국가적 태도에 현저한 영향을 미쳤다"고 주장한다.[83] 상업을 추구하는 행위를 경멸하는 사회적 분위기 속에서는 해양력에 대한 "국가적 천재성"이 발현되지 않았다.[84] 반면 부와 이를 쫓는 무역 상인을 중시하는 국가들은 번성했다. 중세시대부터 스페인, 포르투갈, 프랑스의 귀족들은 무역을 경시해왔다. 소위 엘리트층의 이러한 태도는 사회적으로 무역에 대한 의욕을 저하시키는 결과를 낳았다. 영국과 네덜란드의 경우 부를 쫓아 위험을 감수하는 모험가들을 사회적으로 장려하면서 무역을 부흥시키고자 노력했다.[85] 요컨대 모험을 보상하는 문화는 더 많은 것을 얻는다. 모험을 폄하하는 문화는 많은 이익을 얻기 어려울 뿐만 아니라 경제적으로 자멸하는 결과를 초래한다.

무역을 촉진하기 위해 해외 식민지를 건설하는 것은 머핸의 시각에서 국가적 천재성이 발현된 또 다른 측면이다. 그러한 전초 기지들은 모국에 "국내에서 생산된 상품을 판매할 수 있는 곳과 함께 상업과 운송을 위한 저장소"를 제공한다.[86] 해양전략에 있어 성공의 정점을 해외 시장에 대한 상업적, 외교적, 군사적 접근의 보장이라고 한다면, 식민지를 건설하는 것은 아마도 이를 보장할 수 있는 가장 확실한 방법이 될 것이다. 식민지를 건설하는 편이 지역 내 국가들과 협상함으로써 상대국의 정치적 변동성에 상업 및 군사적 국운을 맡기는 방안에 비해 훨씬 간단하다.

그러나 머핸이 결코 식민통치를 지지하는 것은 아니라는 점을 명심해야 한다.

분명 그는 "식민지"를 해양강국의 한 축으로 규정한다. 그러나 그는 "고립주의자가 아니기 때문에 제국주의자"임을 인정하면서도 유럽 제국이나 일본과 같이 전면적인 영토 정복에 나서도록 처방하는 것은 아니다.[87] 그러나 이러한 점에 대해 그가 "완전히 이기적인" 동기에서 식민지를 건설했던 제국주의 국가들을 비판하면서도 영국식 모델에 대해서는 다소 미온적인 태도를 취하면서 얼버무린 측면이 없진 않다. 모든 식민지는 식민지로부터 얻게 되는 가치의 한계로 인하여 그리 오랜 시간이 지나지 않아 "우유를 얻을 수 있는 소"에서 "보살펴야 하는" 존재로 전락한다.[88] 주변부에 위치한 주민들의 복지는 제국의 정치 지도자들에게 있어 결국 무관심의 문제로 귀결된다.

머핸은 미국이 유럽이나 일본과 같이 제국이 되라고 권고하지도 않았다. 그는 "식민지 건설이 한 국가의 해양력을 지원하는 가장 확실한 수단"임을 인정하면서도 "미국에는 그러한 식민지가 없고 앞으로도 없을 것"이라고 주장했다. 그러나 미국의 자제에 전략적 단점이 없는 것은 아니다. "식민지든 군대든 외국에 시설이 없다면 전쟁 중인 미국의 군함은 바다로 멀리 날아갈 수 없는 육지의 새와 같을 것이다." 따라서 해양 중심의 미국 정부가 수행해야 하는 "중요한 임무" 중 하나는 "연료를 공급하고 수리를 할 수 있는 휴식처"를 찾는 것이다.[89]

다행히도 머핸은 미국이 자국의 해양력을 위해 전면적인 식민지를 구축하거나 필요할 것이라 예상하지 않았다. 예를 들어 그는 초기부터 미국-스페인 전쟁을 통해 미국이 필리핀 제도를 식민 지배하는 것에 대해 우려를 표명했다.[90] 만약 그가 실제로 제국주의자였다 하더라도 그는 크게 확신이 없었다. 미 해군과 상선은 외국 항구에 대한 접근을 필요로 하였는데, 이는 해군 "공급망" 구성에 있어 마지막 연결고리와도 같았다. 그러나 그는 이러한 과정에서 외교관과 해군 장교의 역할에 대해서는 불가지론적인 것처럼 보였다.

오늘날에는 미국이 사회적으로 해양에 대한 무관심한, 즉 국민들이 "해양과 관련하여 거의 실명과 같은 상태임"을 한탄하는 것을 흔히 볼 수 있다.[91] 해양산업은 일상 생활에서 인식하기 어려우며, 비국가 및 국가의 악의적인 요인으로 인하여 발생하는 항로상의 위험도 마찬가지다. 이와 같은 해양 실명증이 순전히 미국만의 잘못이라고는 할 수 없다. 머핸은 나폴레옹조차 영국의 해양력을 알아보지 못했다고 말한다. "한 번도 본 적 없는 저 멀리 떨어진 폭풍우에 휩싸인 함선들이 프랑스의 대육군(Grand Army)과 전 세계의 지배권 사이에 우뚝 서있었다."[92]

미 해군 역시 일상에서 함대를 흔히 접할 수 있는 노퍽이나 샌디에이고와 같은 지역 외에 대중의 의식에서 중요한 위치를 차지하지는 못한다. 만약 실제로 대중과 정치인들이 해양 실명증을 겪고 있다면 국민성을 쇄신하는 것은 시급한 일이다.

정부의 특성과 정책

머핸은 정부가 해양력의 발전을 촉진하기 위해 제정해야 하는 정책 유형에 대한 일종의 안내서를 편찬하였다.[93] 그는 이 안내서에서 평시와 전시 단계로 나누어 설명하고 있다. 평시에 정부는 "해양에서 모험과 이익을 추구하는 경향과 산업을 촉진"하거나 존재하지 않는 해양 산업과 문화를 육성하고자 노력할 수 있다. 이러한 과정에서 무엇보다 관료들은 그들의 노력이 상업 및 해군 관련 요소를 포함하여 "해양강국을 만들거나 손상시킬 수 있는" 능력이 있음을 인식해야 한다.[94]

전시에 정부는 상선의 규모와 능력에 상응하는 "무장된 해군을 유지"함으로써 해양력을 형성할 수 있다. "해군의 규모보다 더 중요한 것은" 해군 내 "건강한 정신과 활동"을 중시하는 문화와 함께 적의 공격을 받은 이후 다시금 전투력을 회복할 수 있도록 "적절한 예비 병력과 선박"을 집결하는 것이다. 해군이 상업을 보호하기 위해 출동해야만 하는 전구 내 해군 기지를 유지하는 것 또한 중요하다. 해군이 자체적으로 기지를 방어하거나 "우호적인" 국가에 발판을 마련하여 이를 방어해야 하는 소요를 줄일 수 있다면 더 바람직할 것이다.[95]

여기까지가 정부가 직면한 일반적인 과제들이다. 머핸은 정치 체제의 성격이 이러한 과제에 미치는 영향에 대해 고민하였다. "정부의 활동", 즉 정부가 제정하는 법과 정책뿐만 아니라 이를 실행하는 기관까지도 결국 상업, 선박 및 기지의 발전을 촉진하거나 저해할 수 있는 정부의 의지력에 달려있다.[96] 머핸의 주요 관심사는 일관성(constancy)에 있다. 그는 과연 어떤 유형의 체제가 해양문제에 있어 현명하고 일관된 정책을 수립하여 지속적으로 추구할 가능성이 높은지에 대해 궁금해 했다.

20세기 해양 중심의 미국이 되길 바랐던 머핸은 미국이 참고할 수 있는 교훈을 도출하기 위해 몇몇 국가의 정치 체제를 비교하였다. 그는 16세기와 17세기 유럽역사를 재조명하여 권위주의 체제가 어떻게 해양력을 구축하고 관리하는지 자유주의 체제와 비교하여 조사하였다. "자유주의 체제 내 정부는 해양문제와 관련하여 독재 정치에 비해 때때로 미흡한 부분이 있었다. 자유주의 체제 내에서는 해양문제와 관련 업무가 느린 속도로 진행되는 반면, 권력과 일관성을 지닌 독재 체제는 보다 직접적으로 관여하여 위대한 해양산업과 훌륭한 해군을 건설할 수 있었다. 다만 후자의 경우 가장 어려운 점은 독재자가 죽은 이후에도 일관성을 유지하는 것이다."[97]

따라서 그는 독재통치에 대해 먼저 살펴보았다. 앞서 언급한 바와 같이 17세기 프랑스 해군은 리슐리외 추기경으로부터 시작하여 해군 장관 콜베르에 이르러 결실을 맺었다. 머핸에 따르면 태양왕(Sun King) 루이 14세의 통치는 "유능하고 체계적으로 업무를 수행할 수 있는 절대 권력을 가진 정부가 보여줄 수 있는 최고의 업적"을 이루었다.[98]

머핸은 콜베르가 자신의 목표를 "체계적이고 중앙 집권적인 프랑스 방식으로" 추구했다고 보았다. 해군에 대한 그의 업적은 "국가가 나아갈 방향을 지도하기 위해 모든 고삐를 손에 쥐고 있는 순수하고 절대적이며 통제할 수 없는 권력"의 본보기가 되었다. 그는 "현명하고 신중한 경영"을 통해 해양력을 구성하는 사슬의 각 고리를 연결하는 데 전력을 다했다. 재임 기간 중 그는 프랑스 해군 함선의 수를 30척에서 196척으로 늘렸을 뿐만 아니라 해군 조선소를 개혁하여 "영국에 비해 훨씬 더 효율적"으로 만들었다.[99] 머핸은 이러한 그의 업적을 높이 평가하였다.

그러나 프랑스 왕국은 독재통치의 장점만이 아니라 단점 또한 보여준다. 목적성, 속도 및 직접성은 해양으로 나아가고자 하는 독재통치가 갖는 미덕이라 할 수 있다. 머핸은 한 사람의 정치가에 의해 관리되는 해양력의 축척은 복잡한 정부 내 서로 상충하는 이해관계를 조율하는 것에 비해 "간단하고 쉽다"고 말한다.[100]

그러나 권위주의 통치에 내재되어 있는 위험성은 변화하지 않으며 시대를 초월한다. 여론과 입법절차에 구속되지 않은 독재자의 마음은 언제든 육지로 향할 수 있다. 실제로 콜베르가 추진한 개혁은 그가 왕실의 지지를 받는 기간에 한해 지속되었다. 그가 네덜란드에 맞서 토지 전쟁 간 추진했던 정책들은 "정부의 지지가 철회되자 요나의 박 넝쿨과 같이 시들어 버렸다."[101] 또한 특정 독재자의 마음이 그의 통치 기간 동안 유지될 수도 있겠으나 그 후계자의 경우 바다에 대한 열정이 동일하지 않을 수 있다. 해군 정책이 한 사람의 독재자에 의해 좌우될 경우 이는 언제든 바뀔 수 있다.

항해 시대 동안 네덜란드는 공화제와 독재통치 사이에 위치했다. 두 체제 모두 네덜란드의 해양력을 제대로 뒷받침하지 못했다. 머핸은 네덜란드 공화국을 상업적 이해관계가 "정부로 침투"하여 "전쟁 수행과 전쟁 준비에 필요한 지출을 반대"하는 "상업적 귀족(commercial aristocracy)"으로 묘사한다. 그는 공화국이 너무나 옹색한 태도를 취한다고 질책한다. 네덜란드 공무원들은 "위험을 정면으로 응시"하고 나서야 겨우 "방위비를 지불할 용의가" 있었다.[102] 해군 지출은 이익 창출로부터 차감되었다.

이후 공화국은 약화되었고 사실상 오렌지 가문의 군주제에 자리를 내주었다. 권위주의적 정부하에서 해군은 프랑스에 대항하기 위해 육군에 비해 상대적으로 방치되었다. 머핸은 네덜란드 해양력 저하의 원인을 "부족한 규모와 수", "두 체제하에서의 잘못된 정책" 그리고 루이 14세 통치하에 있는 프랑스라는 외부의 적에 기인한다고 보았다.[103]

머핸은 영국의 모든 면을 동의하진 않지만 그럼에도 영국을 해양강국의 표준으로 삼는다. 영국의 문화와 정책은 해양에서 추구하고자 하는 대의라는 측면에서 서로를 보완하는 역할을 수행했다. 현명한 지도자는 자국의 문화가 해양지향적이라면 그 문화와 조화를 이루면서 통치한다. "자국 국민의 성향과 조화를 이루며 정책을 추진하는 정부는 모든 측면에 있어 성공적으로 발전을 이룰 수 있다. 특히 해양력과 관련해서 국민의 정신과 진정한 성향을 의식한 정부의 경우 눈부신 성공이 뒤따랐다. 그러한 정부는 국민 대다수 또는 적어도 정부를 지지하는 국민의 의지를 확보함으로써 해양력을 건설할 수 있었다."[104] 상업 및 해양에서의 전쟁과 관련된 정부의 정책은 사회 전반에 큰 영향을 미치면서 국민을 해양으로 결집한다. 이는 지속적으로 일관된 정책과 전략 추진을 가능케 한다. 이러한 측면에서 영국은 수 세기 동안 일관된 정책과 전략을 추진하였다. 머핸은 전시와 평시 모두 적대국 대비 "해양력 유지라는 목표를 위해 지속적으로 노력"을 기한 영국의 정치를 높이 평가한다.[105] 한 가지 예를 들자면, 런던은 해상 무역에 대한 영국의 독점권을 침해할 가능성이 있던 초기 덴마크 동인도 회사를 진압하기 위해 외교를 전개했다.

제1차 세계대전 중 패배한 대양함대에서 복무한 독일 제국 볼프강 베게너(Wolfgang Wegener) 제독 역시 해양 중심의 영국 정부와 국민성에 대해 증언한 바 있다. 베게너는 전쟁 전 영국–독일 간 해군 군비경쟁은 영국의 지칠 줄 모르는 반응을 불러일으켰다고 말한다. 그는 독일이 지상전에 대한 전통을 가지고 있는 것과 같이 영국은 수 세기 동안에 걸쳐 뿌리내린 [해군] 전통으로부터 비롯한 해양에 대한 인식과 함께 [해양전략]에 대한 감각이 뿌리 깊게 자리하고 있다고 언급했다.[106] 반면 독일 해군은 인상적인 전투와 전술적 능숙함에도 불구하고 "지적으로는 해안에 머무는 해군"으로 남았다.[107] 그만큼 문화는 중요하다. 정책은 이러한 문화를 강화할 수 있고 동시에 정책은 문화로 인해 강화될 수 있다.

기회주의 또한 영국의 미덕 중 하나로 꼽힌다. 영국은 영국이 해양강국으로 부상하는 동안 경쟁국가들에 비해 운이 좋았다. 머핸은 유럽 국가들이 "영국의 부상으로 인해 닥칠 위험에 대해 무지했다"고 말한다. 해양에서 함대의 활동은 지상군과 달리 대부분 보이지 않는 곳에서 이루어지기 때문에 유럽 대륙은 프랑스나 스페인과 같이 "이기적으로" 그리고 "공격적으로" 행동할 "압도적인 세력"의 부상을 거의 막지 못했다.[108]

따라서 기본적으로 영국 지도부는 머핸이 제시한 평시 및 전시 기준에 따라 처신했다. 그럼에도 머핸은 영국이 대서양을 가로질러 아메리카 식민지에서 전쟁을 시작함으로써 유럽에 위험이 도사리고 있는 시기에 식민지를 적으로 만드는 등 일련의 실수에 대해 지적한다. 전통적 해군 정책상 의회와 왕실이 왕립해군 함대 관련 기획을 감독한다. 영국은 일반적으로 왕립해군의 규모가 가장 큰 라이벌 국가인 프랑스와 스페인을 합친 규모와 역량의 함대를 유지하고자 노력했다.

두 국가 모두 부르봉 왕조의 통치를 받았으므로 전쟁에 참여하려는 경향이 있었다. 이러한 사실은 영국으로 하여금 해군의 적절한 규모와 역량을 가늠할 수 있는 용이한 기준이 되었다. 영국 해군은 프랑스, 스페인, 네덜란드 해군과 버지니아 곶부터 인도양에 이르는 지역까지 경쟁을 벌일 당시 미국 독립 전쟁을 위한 함대

규모를 두 국가의 기준 이하로 떨어뜨림으로써 이미 시작부터 어긋났었다. 머핸은 미국의 실패가 전통적인 영국 정책을 충실하기보다 오히려 무시했기 때문이라고 결론지었다. 이러한 예외는 규칙을 증명하는 계기가 되었다.[109]

유사하게 베게너 제독은 영국 지도자들이 세대를 거듭할수록 제국을 확장하고 전략적 위치를 향상시킬 수 있는 영토 획득을 경계하였다고 지적한다. 다른 국가들에 비해 상대적으로 부패가 없고 효율적인 해군 관리 체계로 영국 지도자들은 큰 낭비 없이 천연 자원을 함대와 지원 기반 시설에 사용할 수 있었다. 그리고 혹자들은 오랫동안 영국 사회의 계급 의식을 비난해 왔으나, 머핸은 영국 해군이 계급 간 승진을 위한 공로 체계를 인정했다고 지적한다.[110] 세대를 거듭하여도 계급 중간에 천한 태생의 장교들이 있기 마련이었지만 영국 정부와 해군은 대륙의 적대 국가들에 비해 이러한 인적 그리고 물적 자원을 잘 활용하였다.

머핸은 항해 시대 영국이 해양과 관련하여 성취한 성과에 대한 설명을 마무리하면서 몇 가지 점에 대해 경고했다. 그는 20세기에 접어들면서 영국이 네덜란드 공화국과 유사한 길을 걷게 될지 모른다고 우려했다. 그는 “1815년 이후로 특히 우리 시대에 많은 결정권이 영국 정부로부터 국민의 손에 넘어갔다. 이에 영국의 해양력이 더욱 발전할 수 있을지 아니면 쇠락할지는 좀 더 두고 봐야 할 일이다”라고 한탄했다. 영국 해양력의 기초는 여전히 견고해 보였으나, “민주주의 정부가 선견지명을 가지고 국가적 지위와 신뢰성에 대해 민감하게 대응하며 평시에도 군사적 대비에 필요한 적절한 예산을 배정하여 자국의 번영을 보증할 의지가 있을지는 불분명했다.”[111]

머핸은 영국의 해양력을 평가하면서 이는 의심할 여지없이 미국을 위함이라고 언급했다. “민주주의 정부는 일반적으로 군사비 지출에 우호적이지 않으며 영국은 이미 그러한 징후를 보여준다.”[112] 그는 미국이 대영제국의 위대한 역사를 본받으면서도 불확실한 미래에 대한 징후에 주의를 기울어야 한다고 믿었다.

※ ※ ※

이것이 해양력을 구성하는 요소들이다. 머핸이 제시한 요소들 중 처음 세 가지는 국가의 고유한 물리적 특성을 나타내며, 나머지 세 가지는 인간의 특성과 관련 있다. 전자는 불변하는 반면 후자는 인간 행동에 따라 변화할 수 있다. 오늘날 미국은 해양전략과 관련하여 자국의 잠재력을 최대한 활용하고 있는지 돌이켜 볼 필요가 있다. 전 세계 상업활동은 그 어느 때보다 호황을 누리고 있지만 미국은 점차 쇠퇴하는 형국이다. 미국에서 생산된 상품 대부분 미국 항구에 도착하는 수입품과 마찬가지로 외국 깃발이 달린 선박을 통해 해외 시장으로 운송된다. 또한 미국 해군은 전평시 부여된 임무를 수행할 수 있을 만큼 충분한 규모의 능력 있는 함대를 유지하기 위한 의회로부터의 지원 역시 충분히 받지 못하고 있다.

따라서 머핸이 제시한 해양력을 구성하는 요소들 중 중심적인 역할을 하는 선박의 경우 쇠퇴의 징후를 보여준다. 현재 미국의 해양력이 후퇴하고 있다면 외교정책 및 전략을 통해 해양력을 회복시킬 수 있는 문화적 노력을 기울이는 것은 미국의 지도부와 국민의 책임일 것이다.

제2장

해양전략의 선순환을 유지하는 법

제2장

해양전략의 선순환을 유지하는 법

인간의 마음이 과거와 현재를 관통하여 비슷하게 흘러가기도 한다는 점을 알게 될 때마다 등골이 오싹하다. 제1장에서 설명하였듯이 머핸은 프랑스 해군 장관 콜베르를 높게 평가하였다. 콜베르는 리슐리외 추기경의 뒤를 이어 국정운영에 있어 현실주의 학파이자 "해양력을 구성하는 세 가지 요소", 즉 생산(production), 함선 및 상선(naval and merchant shipping) 그리고 외국 식민지와 시장(foreign colonies and markets)을 구체화하였다.[1] 머핸은 그의 저서 **해양력이 역사에 미치는 영향**(*The Influence of Sea Power upon History*), 1660–1783을 통해 콜베르가 제시한 해양력의 일반적인 정의로부터 무역과 상업에 초점을 맞춰 해양력의 정의를 추정한다.[2] 현대 실무자들과 학자들 역시 비슷한 시각으로 해양력을 연구한다.

머핸의 정신을 계승하여 미국 해군의 대외활동은 군사적 측면과 더불어 물리적, 인구통계학적 그리고 경제적 특성이 두드러진다. 전략적 지혜란 본디 나를 둘러싼 환경에 대한 이해를 선행하는 것으로부터 시작된다. 환경에 대해 재고해 보면 해양에서의 활동은 단순히 무장투쟁 이상을 의미함을 알 수 있다. 2012년 미 해군 주임원사 릭 웨스트(Rick West)는 "나는 해군의 미래를 생각할 때 70, 80, 90퍼센트 규칙을 떠올린다. 지구 표면의 70퍼센트는 물이고, 80퍼센트의 사람들이 물 근처에 살고 있으며, 전 세계 무역의 90퍼센트는 바다를 통해 이루어진다. 이러한 점을 고려해봤을 때, 미 해군은 반드시 "전방에 배치되어 교역이 유지되고 해상교통로가 개방될 수 있도록 노력해야 한다"고 단언했다.[3]

그 누구도 그의 의견에 이의를 제기하지 않을 것이다. 우리가 살고 있는 푸른 행성 지구는 바다로 둘러싸여 대부분의 인구가 해안선을 따라 모여 있으며, 원자재와 상품은 주로 바다를 통해 운반된다. 선박은 현존하는 운송수단 중 가장 경제적이며, 항공기, 철도 또는 차량이 이를 대체할 가능성은 희박하다. 웨스트 주임원사가 해상 활동의 경제적, 상업적 측면을 강조한 것과 일맥상통하다. 머핸 역시 이러한 의견에 동의했을 것이다.

만약 머핸이 살아있었다면 웨스트 주임원사의 생각을 동의함은 물론 이를 보다 구체화했을 것이다. 머핸은 "생산"이라는 단어를 시장에 내다 팔 수 있는 상품을 생산하는 농업 및 산업부문으로 정의했다. 또한 도로, 철도, 운하와 같이 내륙에서 해안을 따라 형성된 무역 허브에 이르기까지 상품을 운반을 가능케 하는 국내 교통로의 발전을 의미하기도 한다. 비슷한 맥락에서 머핸은 "선박"이라는 개념을 바다를 가로질러 상품을 운반하는 선박뿐만 아니라 이를 가능케 하는 행정 기능과 함께 무역을 용이하게 하는 관세를 비롯한 국가 규칙 및 법률까지 포괄적으로 정의했다. "식민지 및 시장"은 완제품을 판매하고 국내 제조 산업에 공급하기 위한 원자재를 조달할 수 있는 해외 시장을 의미한다. 만약 생산, 선박 그리고 식민지가 해양력을 구성하는 세 가지 요소이고 선박이 국내 경제와 해외 시장을 연결하는 역할을 한다면, 즉 세 가지 요소를 잘 융합하지 못한다면 그 국가 경제의 전망이 그리 밝지만은 못할 것이다.

머핸의 생산, 선박, 식민지와 시장이라는 세 가지 요소는 21세기에도 유사점을 찾을 수 있다. 멀리 떨어진 제국주의에 의해 지배되는 식민지 개념은 과거 제국주의의 잔재이지만, 이를 바탕으로 머핸은 단박에 오늘날 전 세계 시장의 논리를 유추해 낼 수 있을 것이다. 전후 시대 전 세계 금융 및 무역 구조는 시장 개방주의 원칙에 기초한다. 세계무역기구와 같은 다자기구는 미국 주도의 국제 경제 질서

속에서 이해관계자의 시장에 대한 자유로운 접근을 보장한다. 해상교통로의 개방을 보장하기 위한 이러한 노력은 상품과 서비스의 이동을 가능케 하는 핵심 요소이며 나아가 국제무역을 가능케 한다.

또한 세계화에 있어 가장 중요한 국제 "공급망"은 머핸이 주창한 "평화로운 상업과 운송"이라는 개념에 이미 내재되어 있다.[4] 전 세계 기업들은 상품과 서비스를 생산하고, 이를 국제 시장에 원활히 유통하기 위해 다양한 상호관계 네트워크를 구축한다. 머핸은 오늘날 무역체계를 구성하는 기본적인 메커니즘 역시 친숙할 것이다.

머핸은 이러한 체계의 지리적 차원에 특별한 관심을 기울였다. 제1장에서 살펴보았듯이 해양력은 공해로의 접근성, 심해 항구의 수와 위치 및 해안선의 길이 등과 같은 불변의 "자연 조건"에서 기인한다.[5] 공급망 역시 이러한 조건에 따라 달라질 수 있다. 따라서 불변의 지구물리학적 요인으로 인해 국가가 선택할 수 있는 전략적 방안이 좌우된다. 지형은 한 국가의 해양전략을 가능하게 하고 족쇄를 채울 수 있다. 또는 연결하거나 단절할 수도 있다. 아무리 좋은 정책과 전략도 이러한 지리적 현실을 무시할 수 없다.

21세기 지리학을 중요시하는 경제학자들 역시 사슬을 연상시키는 "공급망"이라는 용어를 사용한다. 대표적으로 호프스트라 대학의 장 폴 로드리게(Jean-Paul Rodrigue) 교수는 전 세계 무역은 크게 세 가지의 서로 다른 단위로 구성되어 있다고 주장한다. 로드리게는 해군을 통해 해양 공급망을 유지한다는 내용에 대해서는 크게 언급하지 않은 반면, "생산, 분배 및 소비라는 지형"은 상업적으로 머핸이 제시한 해양력을 추구하는 국가라면 갖춰야 할 부분이라고 설명한다.[6] 공급망은 국내 생산, 국내로부터 항공, 해양 또는 육로 운송체계를 통한 분배 그리고 소비자가 원하고 필요한 물건을 조달할 수 있는 해외 시장을 하나로 묶는다.

머핸이 주창한 해양력은 해군이라는 형태의 자체 수호자를 갖춘 해양 국제 공급망 그 이상도 그 이하도 아니다. 전 세계 공급망 또는 해군 "공급망"을 구성하는 어느 하나의 고리라도 끊어지게 된다면 전체 시스템이 산산조각 나는 결과를 초래할 것이다. 로드리게는 지정학적인 요소를 염두에 두지 않고 전 세계 공급망에 대한 개념을 발전시켰다고 하면서도 머핸이 주창한 상업적인 요소를 담고 있는 해양력 개념을 오늘날 전 세계 무역체계에 대입시켰다고 인정한다.[7] 머핸의 연구는 그가 살았던 시대 특히 외국 토지에 대한 정복을 배경으로 이루어져 더 이상 적용하기는 어려우나, 그럼에도 불구하고 해상 무역과 상업의 근간이 되는 근본적인 논리를 밝혔다는 데 그 의의가 있다. 그렇기 때문에 머핸의 글은 시대를 관통하여 오늘날에 이르기까지 영향력을 미치고 있는 것이다.

머핸과 로드리게가 제시한 생산, 분배, 소비 및 해군의 보호와 관련된 논리에 더해 이번 장에서는 "전략적 의지(strategic will)"라는 눈에 보이지 않지만 중요한 요소를 추가한다. 해양력을 축적하고 유지하기 위해서는 의식적인 정치적 판단이 요구된다. 해양 관련 프로젝트를 추진하기 위해서는 사회적 결단이 요구되며 그 이후에도 지속적인 재확인이 필요하다. 열정 또한 요구된다. 해양전략의 목표인 유통과 판매를 위해 멀리 떨어진 지역의 상업적, 외교적 그리고 군사적 접근을 개방하는 것은 결코 쉬운 일이 아니다. 굳은 결의와 의지가 없다면 천연 자원은 발굴되지 않고 상품은 생산되지 않은 채로 남아 있게 될 것이다. 해양을 통해 상품은 운반되지 못하고 결과적으로 아무것도 팔리지 않는다. 경제적 번영은 불가능한 목표가 될 것이다.

전략가들과 정치인들은 이러한 무형의 해양력 요소가 갖는 중요성을 간과한다. 해양력은 하나의 순환하는 주기를 가지지만 스스로 순환할 수는 없다. 지속적으로 순환시키기 위해서는 신중한 국가적 선택과 전략이 필요하다. 반복을 피하기 위해 필자는 국내 및 해외 상업 항구를 하나의 단위로 생각한다. 이는 국내외 해군기지도 동일하게 적용하며 이어서 상선과 해군 함대 역시 각각 하나의 단위로 본다. 이후 전략적 의지를 북돋고 지도하는 중요성에 대해 간단히 언급하는 것으로 이번 장을 마무리하고자 한다.

국내외 상업 항구

국제 관계학에서 공간적 요인과 경제적 요인 사이의 상호 작용으로 광범위하게 정의되는 "지리경제학(geo-economics)"은 해양력을 추구하는 국가의 의제 형성

과정에 큰 영향을 미친다.[8] 복잡하게 얽혀 있는 무역관계는 국가들을 해양으로 향하게 한다. 해양 중심 경제는 비유적으로나 말 그대로 사회와 산업 전반이 해안 가까이 형성되도록 한다. 이에 공급망 구축은 한 국가가 해양으로 향하려는 방향성에 큰 영향을 미치는 인구통계학적 그리고 사회경제적 변혁을 위한 촉매와도 같다. 또한 해상 무역과 상업은 정치인들과 군 지휘관들이 근해로 접근하는 적에 대해 공급망을 구성하는 요소들을 어떻게 방어할지에 대해 구상함에 따라 전략적 의미를 띤다.

생산, 분배 및 소비의 전체 사슬을 포착하는 것은 쉽지 않은 일이다. 대신 공급망 내 항구의 역할이라는 측면에서 분배라는 요소에 대해 주목해보자. 결국 항구는 국내 생산자와 해외 시장으로 상품을 운반하는 선박 사이의 상호작용을 포함한다. 또한 항구는 해외 판매자와 국내 구매자 간 상호작용을 할 수 있는 장을 제공하기도 한다. 이러한 연결고리는 해양력과 해상 무역 사이를 가장 분명하게 보여준다. 생산과 소비를 측정하기 위한 유용한 척도이다.

즉 항구는 해상 무역에 핵심이다. 항구는 분배의 필수적인 요소로 국내에서 생산된 상품을 해외로 운반하는 선박과 이어주는 연결 조직과도 같다. 서로 연결된 항구와 전 세계 공급망은 해외 시장의 수요를 충족시키는 데 필수적이다. 상품은 대부분 해상을 통해 운반되는데, 이는 톤 단위, "20피트 컨테이너 단위(20피트 표준 컨테이너의 크기를 기준으로 만든 단위)" 또는 상품 가치 단위로 측정된다. 동시에 이러한 분배 네트워크와 노드는 수입된 상품이 국내 수요를 적절하게 충족할 수 있도록 한다. 따라서 항구의 수, 규모 및 효율성을 모두 합산하면 생산, 분배 그리고 소비를 측정할 수 있는 유용한 도구가 된다.

항구는 그 자체로 생산과 소비의 엔진과도 같다. 수출 중심의 기업은 항구 또는 항구와 연결되는 교통 네트워크 근처에 위치하여 운반 비용을 절감하고자 한다. 항구 내 또는 주변에 위치한 회사들은 새로운 일자리를 찾는 사람들을 유인한다. 항구 주변 인구와 경제가 성장함에 따라 인근 주민들의 소득은 증가하고 이는 국내외 새로운 수요를 촉진한다. 무역은 부를 낳고 부는 더 많은 무역을 낳음으로써 생산성과 이윤 성장의 선순환을 생성하는 것이다. 따라서 국가의 항만 시스템의 발전과 건전성은 이를 기반으로 성장하고 이러한 요인들은 해양력을 지속시키는 데 기여한다. 따라서 항만 시스템은 한 국가의 산업 역량, 재정 건전성 및 인구 통계학적 패턴과 맞물릴 수밖에 없다.

또한 항구의 수와 질은 머핸이 자연 조건이라고 서술했던 지리적 및 기타 지형적 요인이 해상 무역에 그리고 나아가 해양력 건설에 유용한지 여부를 보여준다. 제1장에서 살펴보았듯이 머핸은 중요 해상교통로와의 근접성, 해안선의 길이, 항구의 수와 질, 국가의 해양 의존도 그리고 국가의 고유한 특성 등이 해양력을 구성하는 필수적인 요소로 보았다. 국가의 항만 시스템의 발전과 건전성은 이러한 요소들에 의존하며, 이를 통해 해양력이 유지된다.

중국은 생산, 분배 및 소비의 논리가 가장 잘 보여주는 예이다. 1970년대 후반 중국은 전 세계 경제에 편입된 이래 정부 정책상 연안에 경제 허브를 육성하고자 하였는데, 특히 발해림, 장강 삼각주, 주강 삼각주 주변의 항만도시를 집중 육성하였다. 머핸의 이론에 따르면 중국의 긴 해안선, 풍부한 항구, 공해에 대한 접근성 등의 지형적 조건은 해안을 따라 상업, 선박 및 기지 간의 긴밀한 상호작용을 가능케 하였다.[9]

또한 적의 공격으로부터 허브를 보호하기 위해 중국 공산당 지도부가 해상에서 전방 배치 추진하도록 촉진하기도 하였는데 경제 개발, 무역 및 군사 방어 사이의 연관성을 잘 보여준다.[10] 지리경제학은 모든 해양강국이 그러하듯이 중국의 해양전략을 추진케 하는 원동력이다.

국내외 군사 항구

사실상 상품 및 원자재를 위한 전 세계 공급망에 더해 이와 대응되는 군사적 공급망 또한 존재한다. 머핸은 대응되는 해군력을 위한 공급망이 어떻게 구성되는지에 대해 이미 이해하고 있었다. 결국 항해 국가는 해군을 기획, 건설 및 유지하기 위해 전문 산업, 상선이 지나는 동일한 항로를 가로질러 출항하는 전함 그리고 전함이 전투력을 재보충할 수 있는 항구에 대한 접근이 필요하다. 사실상 머핸은 전 세계 상업적 공급망을 상업 거래를 통해 발생하는 세금으로 운영되는 해군을 병렬로 배치하여 생각한다.

상업적인 측면에서 항구는 국내 생산자들과 해상교통로를 이용하는 상선을 연결하며, 상선은 바다를 가로질러 운반한 상품을 외국 구매자에게 연결하는 외국 항구에 하역한다. 이는 로드리게가 제시한 생산, 분배, 소비의 순환과 동일하다. 이와 대응되는 군사적 측면에서 국내 해군 기지는 항해뿐만 아니라 전투에 적합하도록 해군 함선을 수리, 복원 및 보급하는 항구의 역할을 수행한다. 이러한 쌍둥이 공급망 간의 일부 요소는 일치한다. 예를 들어, 한 국가의 해군 기지는 상업 항구일 가능성이 높다. 모든 상업 항구가 해군 기지는 아니지만 거의 대부분의 해군 기지는 상업 항구의 역할을 겸하며 상선과 함선이 이동하는 데 필요한 모든 기반시설과 컨테이너 부두를 갖추고 있다.

모항에서 해군 기동대는 해적이나 무기 밀매업자 또는 해상 운송을 방해하려는 해군으로부터 해상로를 보호하기 위해 출동한다. 위에서 언급했듯이 함선은 작전 이후 해군기지에서 재정비를 하며, 사실상 이러한 측면에서 항구에 대한 접근은 필수적이다. 이동 중간 정류장과 같은 항구 역시 유용하다. 외국에 기반을 둔 기지는 주요 정비를 수행할 수 있는 건선거와 같은 기반시설을 갖춘 경우는 거의 없으나, 창정비가 아닌 대부분 서비스와 보관시설을 제공할 수는 있다. 일본의 사세보시와 요코스카, 바레인의 마나마와 같이 미 해군이 영구적으로 전진 배치된 경우에 더욱 그렇다. 사실상 이러한 기지는 외국에 위치한 미 항구와도 같다.

해군 기지는 일상적이면서도 공해 작전에 없어서는 안 될 존재이다. 한 세기 전 브래들리 피스케(Bradley Fiske) 제독은 해군 기지의 기능을 "해군 작전에 필요한 에너지를 공급하고 보충하는 것"에 비유했다.[11] 배터리와 같이 함대가 해상에서 버틸 수 있는 시간은 유한하다. 선박은 출항과 동시에 에너지를 소모하기 시작한다. 장거리를 운항하는 경우 연료, 저장고, 예비 부품 및 탄약 등 에너지를 재보급하기란 매우 어렵다. 심지어 핵 추진 항공모함조차 며칠에 한 번씩 연료를 보급해야 한다. 항공모함은 무기한으로 운항할 수 있으나 항모비행단은 연료 없이 비행할 수 없다. 그리고 항공모함은 항모비행단 없이 더 이상 임무수행을 할 수 없다.

물론 해상에서 재보급과 재무장이 만병통치약은 아니다. 도조 히데키 총리는 일본이 태평양 전쟁에서 패전한 결정적 이유에 대해 미국의 원자폭탄, 잠수함전 그리고 재보급 역량을 꼽았다.[12] 미국은 이와 같은 재보급 능력으로 인하여 대부분의 경우 함선이 기항하는 소요를 줄일 수 있었고 중단 없이 전쟁을 지속할 수 있었다. 이러한 상황에서 일본 제국 해군은 숨조차 쉬기 어려웠다.

이러한 평가를 제쳐 두더라도 보급품을 운반하는 선박 또한 자체적으로 그리고 주기적으로 보충되어야 한다. 결과적으로 피스케는 보급 능력을 갖춘다 하더라도 해군이 기지에 정박해야 하는 소요를 완전히 해소하지는 못한다고 보았다. 여전히 기지의 필요성이 중요한 다른 이유는 "주로 수리와 관련"이 있다.[13] 전투함을 수리하는 경우 용접, 파이프 체결 그리고 기계 공장 등이 필요한 수준이지만, 잠수함과 구축함의 경우 보다 복잡한 유지 보수가 요구된다. 즉 특수 선박들은 더 정교한 수리 및 유지보수가 요구되며, 이러한 주력 선박들은 주로 과거에 활용되었다.[14] 미국 해군 수상정의 전면적인 창정비는 오직 항만에서만 가능한 까닭에 수상정을 운용하는 과정에서 몇 년마다 장기간의 수리는 필수적이다.

피스케 제독의 비유는 함대가 해양에서 에너지를 신속하게 방출하여 연료, 탄약, 예비 부품 등을 소비한다는 점을 잘 보여준다. 장거리 여행을 하는 사람이 장거리 여행 중 재충전을 위해 USB 포트에 휴대용 전자장치를 꽂는 것과 같이 함대 역시 "배터리"를 충전하기 위해 포트에 두어야 한다. 긴 여행을 하는 해군에게 군사 항구는 USB 포트와 같다.

군사 항구 후보지 평가: 지도에서 자신의 위치를 찾아보라

해군 기지는 어디에 세워야 할까? 지리적 환경은 벗어날 수 없다. 1942년 프랭클린 루스벨트(Franklin Roosevelt) 대통령은 그의 유명한 노변정담 간 미국인들에게 "지도에서 자신의 위치를 찾아보도록" 설득했다. 그는 미국인들에게 스스로 지리적 위치에 대한 인식을 형성하고 유라시아와 태평양 전역을 휩쓸고 있는 추축군의 위험에 대해 경고하고자 했다.[15] 만약 독일, 이탈리아, 일본 군대가 연합하는 경우 치명적으로 위험한 결과를 초래할 것이 분명했다. 추축군은 연합군을 하나씩 둘러싸고 숨통을 끊고자 했으므로 미국이 전쟁을 위해 모든 자원을 결집해야 함은 자명한 일이었다.

지도상에서 자신의 위치를 찾는 것은 여전히 전략적 문제를 숙고하기 위한 출발점으로 유효하다. 그러나 평평한 종이에 구체를 그린 모든 지도가 그렇듯 현재 보고 있는 지도가 현실과 다른 거짓된 또는 왜곡된 이미지를 전달할 수 있음에 유의해야 한다. 지정학 이론의 거장 예일대 니콜라스 스파이크먼(Nicholas Spykman)은 그의 저서 평화의 지정학(*The Geography of the Peace*)을 통해 서로 다른 투영된 방식을 탐구하고 이것이 주는 인식에 대해 고민하였다.[16] 그가 전달하고자 하는 메세지 중 하나는 캐비앳 엠프토르(caveat emptor), 즉 매수자 위험 부담 원칙이다. 다시 말해 매수자가 스스로 조심하라는 뜻이다.

이러한 의미에서 지도를 통해 배울 수 있는 점은 많지만 처음부터 지도 자체가 왜곡되거나 완전히 그릇된 것일 수도 있음에 주의를 기울여야 한다. 전술적, 작전적 또는 심지어 전략적으로 그 영향은 매우 크기 때문이다. 플레처 스쿨 명예교수 알렌 헨릭슨(Alan Henrikson)은 지리공간적 인식의 심리에 대해 탐구한다. 그는 "멘탈 지도"란 "정렬되어 있지만 지속적으로 적응하는 마음의 구조로 본인이 처한 대규모 지리적 환경 속에서 정보를 획득, 코드화, 저장, 회상, 재구성 및 적용하는 과정을 거쳐 이를 참고한다"고 말했다.[17] 이러한 의미에서 그는 지도가 하나의 "생각"이라고 표현한다.[18] 그러한 지도는 "공간 내 다양한 선택지 중 하나를 택해야 하는 문제에 직면"하여 "지리적 결정을 할 때 '하나의 계기(trigger)'"를 제공한다.[19]

루스벨트 대통령은 미국인들의 멘탈 지도를 조정하여 미국이 나치의 침략에 저항해야 하는 북대서양 공동체의 일부이며, 진주만 공습 이후 태평양에서 입지를 회복해야 한다는 확신을 심어 주기를 바랐다. 헨릭슨은 멘탈 지도에 대하여 사람마다 그 규모가 다르다고 덧붙였다. 사실 사람들은 종종 자신들이 처한 각기 환경에 따라 중첩된 다양한 멘탈 지도를 형성한다. 예를 들어, 특정 지역 내 멘탈 지도는 주, 카운티, 지역 또는 전 세계의 지도 내에 "자리"잡을 수 있다.[20] 또는 특정 개인이나 그룹이 속한 지역에 대한 충성도가 더 높을 경우 지역 지도가 전 세계 지도보다 우선시될 수 있다. 예를 들어, 로버트 E. 리(Robert E. Lee) 장군은 미국 남북전쟁 시 그의 고향 버지니아 주에 충성을 맹세했는데, 이는 그의 멘탈 지도상 지역이 우선순위임을 암시한다. 그렇지 않았다면 리 장군은 주한미군 위원회를 사임하고 남부 연합군에 자신의 운명을 걸지 않았을 것이다.

또한 멘탈 지도 형성은 국가 문화의 일부이다. 예를 들어, 인도의 외교 정책 평론가 라자 모한(C. Raja Mohan)은 인도인에게는 전 세계 사건에 대해 3중 계층의 이미지를 가지고 있다고 설명한다. 그들의 가장 안쪽에 있는 정신 지도는 인도 아대륙에 걸쳐 있고, 중간 지도는 인도양 지역에 걸쳐 있으며, 가장 바깥쪽에 있는 지도는 전 세계를 둘러싸고 있다.[21] 유사하게 현대 중국의 멘탈 지도는 동아시아를 중심으로 중국의 선박과 항공기를 위해 서태평양으로의 접근을 차단하는 도련선에 집중되고 있는 것으로 보인다.[22] 이러한 멘탈 이미지는 베이징이 부정적인 관점에서 외교정책 및 전략을 생각할 수밖에 없도록 영향을 미친다. 중국 전략가들은 지역 및 전 세계 문제보다 국내 문제를 우선시하는 경향이 있다. “인도 태평양”과 전 세계에 대한 그들의 멘탈 지도는 동아시아의 지도와 겹칠 수 있지만, 선박과 항공기는 중국 본토에 가까이 접근하지 않고는 더 넓은 세계에 도달할 수 없다. 중국은 전 세계적으로 행동하기 위해 지역적으로 생각해야 한다.

멘탈 지도는 국내, 지역 또는 국가적 유사성에 관한 것만은 아니다. 출신이 같은 경우라도 서로 다른 지리적 공간에서 활동하는 사람들은 세상을 매우 다른 시각에서 바라보기도 한다. 제1장에서 살펴보았듯이 와일리 제독은 육군, 공군 및 해군 간의 불화의 원인을 부분적으로 각 군이 활동하는 영역에서 찾는다.[23] 이렇듯 서로 다른 운영 환경에서 형성된 멘탈 지도는 주변환경에 대한 가정과 그곳에서의 업무 처리방식을 다르게 만든다. 즉 헨릭슨이 암시했듯이 전 세계에 대한 “육군의 관점”과 “해군의 관점”은 “공군의 관점”과 상이하다.[24]

육군과 해군의 관점이 대부분 2차원 영역인 지표면에 있는 반면 공군은 영공을 비행하면서 3차원으로 사고한다. 잠수함 역시 3차원에서도 운용되므로 대기와 해저 영역 간 차이가 있기는 하지만 그럼에도 어느 정도 조종사의 관점을 공유할 수 있다. 더 나아가 헨릭슨은 해군과 육군 간의 관점을 구분하여 보다 세분화했을 것이다. 결국 바다와 대륙은 속성이 다른 별개의 영역이다. 전략을 발전시킬 때 동료인 해군, 합동군, 동맹, 적대국 및 제3가 지리공간적 관점에서 어떻게 세계를 바라보는지 자문할 필요가 있다. 공간적 관점에서 생각하는 것은 각 관점에 대한 이해를 보다 용이하게 할 뿐만 아니라 공감할 수 있도록 돕는다.

또한 스파이크먼과 헨릭슨은 전략가들에게 지도가 자칫 잘못된 방향으로 인식을 형성할 수 있음을 명심해야 한다고 조언한다. 위에서 언급했듯이 스파이크먼은 지구 표면의 다양한 투영을 검토하여 이들 모두 어느 정도 현실을 왜곡하고 있다는 점을 밝혔다. 헨릭슨의 경우 지리학적 사고에 익숙해진 사람들에게 멘탈 지도가 실제 현실과 얼마나 다른지에 대해 일상적인 예를 통해 생각해 볼 것을 권한다.

한 회사원이 출근하기 위해 두 가지 경로를 두고 고민하고 있다고 생각해보자. 하나는 출발지에서 목적지까지 직선 경로이지만 혼잡한 도시 지형을 통과하는 지방 도로를 이용한다. 다른 하나는 교외를 가로지르는 원형 교차로에서 고속도로를 따라 교통체증과 신호등이 있는 시가지 주변을 우회한다. 하나의 경로가 훨씬 더 긴 거리를 운전해야 함에도 불구하고 두 경로는 동일한 시간이 소요될 수 있다. 하나의 여정은 거리가 짧지만 느리고, 다른 하나는 빠르지만 더 멀리 있다. 그러나 대부분의 경우 운전자는 대안을 등거리로 생각할 것이다. 비록 주행 기록계는 멘탈 지도상에 거짓을 알려줌에도 불구하고 결국 시간이 거리에 대한 인식을 형성한다.

최근 멘탈 지도로 인하여 잘못된 인식을 초래한 매우 영향력 있는 사례 하나를 살펴보자. 2011년 힐러리 클린턴 국무장관은 오바마 행정부의 아시아 "중시(pivot)" 정책을 공개했는데, 이는 태평양 전역에 유리하도록 미군 병력을 "재균형" – 또는 오히려 불균형 – 배치할 것이라는 내용이었다. 미 행정부는 2012년 국방전략지침을 통해 부상하는 중국에 대해 필요한 균형추로 묘사하면서 아시아 중시 정책을 성문화하였다. 그러자 외교 정책 평론가들은 즉시 미국이 유럽에 등을 돌리고 있다고 주장하기 시작했다.[25]

스파이크먼이 예측한 대로 메르카토르 지도는 사람들의 인식을 기만한다. 메르카토르 도법은 일반적으로 아메리카 대륙을 지도의 중앙에 배치하고 서유럽은 가장 오른쪽에 그리고 동아시아는 가장 왼쪽에 위치시킴으로써 유라시아를 분할한다. 이러한 관점에서 볼 때 워싱턴은 런던이나 파리에서 도쿄나 베이징을 바라보기 위해 정책적 시선을 180도 돌려야 하는 것처럼 보인다. 이러한 부정확한 인식을 피하기 위해 스파이크먼은 국제관계 실무자들에게 정책이나 전략에 대한 결론을 내리기 전에 여러 관점에서 사물을 바라볼 것을 촉구한다.

북극 중심 방위각 등거리 투영지도와 같이 우주에서 북극을 내려다보면 동해안에 주둔한 미군은 인도양으로 향할 때 유라시아의 한쪽 면을 지나쳐 이동한다.[26] 그들은 보통 대서양, 지중해, 홍해를 통과한다. 서해안이나 하와이에 주둔한 군은 유라시아 반대편을 순항하여 서태평양에 도달한다. 방위등거극도법은 마치 미국이 전 세계 섬을 안고 있는 것처럼 보이게 한다.

필자는 스파이크먼의 극지도가 포함된 슬라이드로 아시아 중시 정책에 대한 강의를 마치곤 한다. 미군의 이동경로를 지도에 표기하고 “유라시아는 포옹을 위한 것”이라고 선언하며 강의를 마무리한다. 워싱턴은 아시아에 집중하기 위해 유럽에서 시선을 거둘 필요가 없다. 미국의 정책입안자들이 그저 시선을 남쪽으로 몇 도 정도만 내려 유럽의 남쪽 성벽을 둘러싸는 항로를 따라 지중해를 바라보면 그뿐으로 크게 야단 법석할 일이 아니다. 미국 지도부는 유럽을 그 자체로 하나의 목적이라기보다 인도 태평양을 위한 플랫폼으로 생각했을지도 모른다. 그러나 이는 유럽대륙을 져버리는 것과 거리가 멀다. 오래 전부터 많은 책들은 “통계를 통해 거짓말하는 방법” 또는 통계에 속지 않는 방법에 대해 설명해 왔다.[27] 평화의 지정학(The Geography of the Peace) 역시 지도 제작의 영역에서 유사한 조언을 제공한다.

이러한 내용과 관찰을 통해 스파이크먼은 지리가 전략형성에 어떻게 영향을 미치는지 보여준다. 몇몇 해양력 전문가들은 생산, 선박 및 기지라는 머핸의 공식에 더해 네 번째 요소로 지리를 추가하기도 한다. 그러나 필자는 이러한 의견에 반대한다. 지리학은 다른 요소들과 차별화됨과 동시에 그보다 우선시되어야 한다. 지리는 해양력을 구성하는 요소들이 상호작용하는 공간을 설정하며 그 경계는 대부분 불변이다. 이것이 머핸과 같은 생각을 가진 전략가들이 경쟁에서 성공하기 위한 전제조건으로 지리적 환경을 고려하는 이유다. 이러한 정밀한 조사를 통해 지휘관과 공무원은 그들이 경쟁하거나 전투를 하게 될 현장에 대해 이해할 수 있게 된다. 나아가 지형 분석을 통해 어떠한 임무는 가능하고 어떤 부분은 불가능한지 알 수 있다.

그러므로 머핸이 “지리는 전략의 기초”라고 선언한 것은 그리 놀라운 일이 아니다.[28] 그는 미 해군기지가 위치할 만한 잠재적인 위치를 조사하는 과정에서 이미 많은 부분에 그의 생각을 공유하였다. 해양 지리학은 분명 여러 가지 측면에서 대륙 지리와 분명하게 상이하지만 그럼에도 지상전의 몇 가지 원칙은 바다에도 적용된다. 결과적으로 프리드리히(Frederick) 대왕, 나폴레옹 보나파르트(Napoleon Bonaparte)와 같이 지상전을 승리로 이끌었던 위인들의 업적은 선원들에게도 가치 있는 연구대상이 된다. 머핸은 나폴레옹의 "전쟁은 위치의 문제"라는 격언을 자주 인용하였고, 지상전과 해양전 간의 유사점에 대해 연구한 1911년 그의 마지막 저서 해군 전략(*Naval Strategy*)에서는 4번이나 인용했다.

머핸은 왜 지상전의 원칙을 해양에 적용했을까? 이유는 간단하다. 그가 미국에서 현재까지도 존경받는 웨스트 포인트 데니스 하트 머핸(Dennis Hart Mahan) 교수의 아들이었기 때문이다.[29] 머핸은 어릴 때부터 지상전 분야 대가인 아버지로부터 지상전을 형성하는 아이디어를 흡수했다. 그리고 그는 일생 동안 지리를 예리하게 관찰하고 인식했다. 지상전 수행에 있어 지형은 선원과 비행사는 이해하기 힘들 정도로 많은 부분을 좌우한다. 육군은 산과 언덕, 애로지형과 고도의 관점에서 생각한다. 해군은 극좌표, 수학 공식 그리고 오늘날에는 위성 항법을 사용하여 바다를 가로지른다. 공군은 해양이라는 평평한 평면이 아닌 3차원에서 기동한다는 점을 제외하고는 해양에서와 거의 동일한 임무를 수행한다. 제1장에서 지적한 바와 같이 육지와 가까운 곳에서만 해상 또는 공중의 움직임이 육지에서의 움직임과 유사하다. 그의 지상전 교육을 바탕으로 머핸은 다른 해양이론의 거장들보다 특정 전역에 대해 보다 철저히 연구했다.

머핸은 그가 "최고의 군사 분야 동료"라고 부른 지상전 대가 앙투안 앙리 조미니(Antoine-Henri Jomini)의 영향을 많이 받았다.[30] 일부 주석가들이 머핸을 항해 중인 바론 조미니(Baron Jomini)라고 부를 정도이다.[31] 조미니는 나폴레옹의 군에서 복무한 경험을 바탕으로 지상전의 기하학적인 측면에 큰 비중을 두고 연구를 진행하였다. 그의 글은 교통로, 내선 및 외선과 같은 영향력 있는 개념을 발전시키는 데 큰 영감을 주었다.[32] 교통로는 바다와 잘 연결되어 항해의 시작과 끝 또는 선박이 해협을 통과하거나 해안을 따라 순항하기 위해 육지에 가까이 지나야 할 때를 제외하고는 직선 코스가 적합하다.

전략 분야에 있어 또 다른 전설적인 대가인 프로이센의 현자 클라우제비츠와 중국 춘추시대 전략가 손무(Sun Tzu) 역시 지형의 중요성을 강조했다. 그 어느 쪽도 특정 전장이나 전역의 지리적 특성을 자세히 조사하지는 않았다. 반면 머핸은 목적이 분명한 까닭에 지리적 특성에 대해 보다 심층적으로 연구하였다. 그는 일생 동안 미국이 어떻게 하면 영향력 있는 항해국가가 될 수 있을지 고민하였다. 그렇기에 그는 주로 19세기 후반에서 20세기 초반 미국 정부와 국민을 대상으로 그의 연구와 그에 따른 권고사항을 정리하였다. 그는 미국이 그가 중요하다고 판단하는 지역 내 관심과 에너지를 쏟기를 바라는 마음에서 이러한 지역들에 대해 세부적으로 연구하였다.

당시에는 "주변지역(rimland)"이라는 용어가 아직 고안되기 전이었지만 – 스파이크먼이 1940년대 처음 용어를 제시하였다 – 머핸은 유라시아 해안 지역에 접근할 수 있는 방안을 끊임없이 고민하였다. 주변지역은 바다와 깊은 내륙 내부 사이의 중간 지대이다. 머핸은 극동 해안에 보다 집중하여 연구를 진행했지만 그럼에도 불구하고 그의 연구결과는 미국 또는 미국에 앞서 해상의 지배자와도 같았던 영국에게 모두 적용되었다.[33] 미국의 증기선은 중요한 전장에 도달하기 위해 정기적인 연료 공급과 함께 군수품을 저장할 수 있는 장소가 필요했다. 이에 상선 및 해군 함대는 태평양을 가로질러 "디딤석"과 같은 장소와 함께 목적지 내 조선소에 접근이 가능해야 했다.[34]

이러한 전초기지를 확보하지 못한다면 미국 함대는 마치 "해안으로부터 멀리 날아갈 수 없는 육지새"와 같을 것이다.[35] 미국은 영해에 갇혀 그 어떤 것도 이루기 어려울 것이다. 생산, 유통 및 소비의 선순환은 먼 미래를 내다보는 것을 고사하고 시작조차 어려울 것이다. 해군 기지는 해양전략에 있어 결코 사치가 아니다. 머핸은 만약 미국이 자국으로부터 해양력을 투사하는 것이 어렵다면 함대의 작전 변경을 넓히기 위해 주변지역으로 향하는 길목에 기지를 찾아야 한다고 주장한다. 머핸은 극동지역 내 무역을 지속해야 할 필요성으로부터 시작하여 해군 기지가 위치하면 좋을 주요지점이 어디일지 알아내기 위해 서태평양부터 역으로 조사하였다.

머핸은 하와이 제도를 시작으로 그 다음에는 파나마 지협 그리고 마지막으로 카리브해 분지 순으로 연구를 진행하였다. 그가 글을 쓰고 있던 시기는 미국-스페인 전쟁 이전이었다. 1899년 평화조약을 통해 미국은 카리브해 제도, 괌, 필리핀 제도를 손에 넣었다.[36] 1867년 미드웨이 제도를 인수한 미 의회는 거의 하룻밤 사이에 선 제국을 건설하면서 태평양 내 하와이와 웨이크 섬과 같은 보루를 합병할 수 있었다.[37] 미국 증기선은 스페인과의 무력 충돌 결과 전리품의 일부로 아시아 주변지역으로 향하는 길목에 군수지원을 받을 수 있게 되었다.

머핸의 시선은 꽤 오랫동안 남쪽을 향하고 있었다. 그는 새로운 해로와 이를 통과하는 상선을 지원하고 방어하기 위한 필요한 시설을 생각하는 데 있어서 시대를 훨씬 앞서 있었다는 점을 상기할 필요가 있다. 1902년이 되어서야 미국은 지협을 가로질러 운하를 건설하고 요새화할 수 있는 권한을 부여하는 조약을 체결할 수 있었다.[38] 그때까지 머핸은 이미 20년이 넘는 기간 동안 미국 전진기지에 대한 필요성을 역설하였다. 이처럼 현실 정치와 전략이 추상적인 전략 개념을 따라잡는 데는 시간이 걸리는 경우가 많다.

머핸은 남북전쟁 간 미 연방 해군에 소속되어 남부동맹 해군을 대상으로 봉쇄 임무를 맡았고 경험을 바탕으로 남부 해역 내 해군작전 역사를 담은 만과 내륙 해역(*The Gulf and Inland Waters*), 1883을 통해 전략적 지리에 대한 연구를 시작하였다. 이 책은 1886년 그가 해군 전쟁 대학에서 교수직을 얻는 데 도움이 되기도 하였다. 이 책을 통해 그는 뉴올리언스, 모빌 및 펜서콜라와 같은 항구의 지정학적 가치를 평가하였는데, 이는 이후 그가 연구할 방향을 간접적으로 보여주었다.[39] 따라서 머핸은 1890년 그의 명작 해양력이 역사에 미치는 영향(*The Influence of Sea Power upon History*), 1660-1783이 등장하기 7년 전 그리고 1915년 파나마 운하가 개통되기 30여 년 전부터 전략적 지리학을 탐구하기 시작한 것이라 볼 수 있다. 앞서 언급한 바와 같이 머핸은 태평양을 가로지르는 디딤석이라는 목표에서 시작하여 미국 동해안을 따라 출발 지점으로 되돌아가는 아시아로 향하는 새로운 항로를 단계적으로 계획했다. 그는 1893년 하와이 제도 합병을 주장하기 시작했으며, 더 포럼(The Forum)에서 "하와이와 우리의 미래 해양력(Hawaii and Our Future Sea Power)"이라는 에세이를 발표했다. 이후 그는 태평양에서 파나마 지협까지의 초기 경로를 추적하였고, 이는 1893년 아틀란틱(Atlantic)에 "지협과 해양력(The Isthmus and Sea Power)"이라는 제목으로 출판되었다. 그리고 대양 사이에 위치한 "관문"에 이어 멕시코만과 카리브해를 연구하였다. 후자는 1897년 하퍼스(Harper's)에 "멕시코만과 카리브해의 전략적 특징(The Strategic Features of the Gulf of Mexico and the Caribbean Sea)"이라는 제목으로 출판되었다. 그는 상업 및 해군력을 위한 공급망의 유통 링크를 구성하는 항로를 개략적으로 살펴보았다.

세 개의 에세이는 모두 1897년 미국의 해양력 관련 국가이익(The Interest of America in Sea Power)을 통해 재인쇄되었는데 이러한 출판 시기는 결코 우연이 아니다. 그해 스페인과의 전쟁이 다가오고 있었고 동시에 미국은 유럽 제국을 인근 해역에서 몰아내고 스스로 카리브해 분지의 주인이 될 수 있는 기회를 엿볼 수 있었다. 미국은 그들의 대의를 위한 지적 지원이 필요했으며, 머핸은 그러한 중요한 시기에 이를 제공하였다. 언젠가 시오도어 루스벨트(Theodore Roosevelt)가 언급했듯이 정치적 "만화경(kaleidoscope)"이 바뀌었다. 해양 제국주의를 지지하는 당파가 의회를 설득할 수 있도록 정치적으로 유리한 환경이 조성되었고 그들은 머핸식 설계를 시행에 옮겼다.[40]

하와이 제도

따라서 머핸은 해양전략을 단계적으로 취했다. 카리브해와 만은 운하가 개통된다면 태평양으로 향하는 출입구가 되어 미국에게 하와이와 극동으로의 직접적인 통로를 제공한다. 그런데 왜 하와이일까? 하와이 군도의 지정학적 가치가 그 이유를 설명한다. 하와이는 북미 서해안과 가장 가까이 위치한 디딤석과 같은 섬이자 주변에서 유일한 후보지다. 이 자체만으로 비할 수 없는 가치를 가진다. 그는 "하와이 군도는 본질적인 상업적 가치가 아닌 해양 및 군사적 통제에 유리한 위치라는 측면에서 독특한 중요성을 가진다"라고 지적한다.[41] 이러한 결론에 도달하기 위해 머핸은 해군 기지를 위한 각 후보지의 가치를 추정하고자 다음과 같은 세 가지 지표를 공식화한다.

해군 위치의 군사적 또는 전략적 가치는 지리적 환경, 역량, 자원에 따라 달라진다. 이러한 세 가지 요소 중 첫 번째가 가장 중요하다. 왜냐하면 자연적으로 조성된 환경이기 때문이다. 반면 후자는 부족하면 인위적으로 전체 또는 부분적으로 보완할 수 있다. 위치의 약점은 요새화를 통해 보완하고 현장에서 자원이 부족하다면 선견지명을 통해 미리 축척할 수 있다. 그러나 전략적 효과의 한계 밖에 있는 지점의 지리적 상황을 변경하는 것은 사람의 능력 밖이다.[42]

이것은 머핸의 방대한 연구 중 가장 강력한 구절 중 하나이다. “환경”이란 잠재적 허브의 지리적 위치를 의미한다. 중요한 해로, 적의 기지 또는 전략적 가치를 지닌 지역 근처에 위치한 경우 머핸식 지표상 좋은 위치에 있다고 할 수 있다. 그렇지 않다면 그 가치는 보통에서 무시할 수 있는 정도까지 다양하다. “역량”이란 해당 위치의 방어력을 나타낸다. 자연적인 환경의 방어력을 갖추는 것이 가장 이상적이겠으나 해군과 육군이 땅을 파고 건물과 항공기를 위한 대피소를 건설하거나 해상 또는 상공의 적에 대항할 수 있는 선박 또는 주변에 무장을 배치함으로써 이를 “강화”할 수 있다. “자원”은 식량 및 연료 등 함대를 지원할 수 있는 인접 항구 도시 및 지역의 능력을 의미한다. 지역 내 자원이 부족한 경우 보급품에 운반하기에 적합한 물류 기반시설을 구축하여 이를 보강해야 한다.

중요한 지역 또는 항로와의 근접성이 가장 중요하며 고립될 경우 항구의 가치는 저하된다. 예를 들어 지브롤터 해협은 지중해에 대한 접근을 막고 있다. 그러나 탁월한 자연적인 방어력을 갖추고 있음에도 불구하고 해군 기지로서의 가치는 그리 크지 않다. 예를 들어, 텅 빈 대서양 중부와 같이 상선과 해군의 통행이 적은 해역이라면 탁월한 자연 방어력이 있어도 해군 기지로서 가치는 크지 않을 것이다.[43] 그러한 지역에 기반을 둔 함대는 할 일이 그리 많지 않다. 적대국의 선박은 그 지역을 우회할 것이다. 또한 머핸이 지적한 바와 같이 그 누구도 이러한 항구를 공격할 이유를 찾지 못할 것이다. 강력한 방어 자체가 무의미하며 이러한 상황에서는 해양력조차 어쩔 도리가 없다. 방어는 보강될 수 있고 자원 또한 보충될 수 있겠지만 자연적인 위치는 불변이다.

머핸은 환경, 역량 및 자원과 더불어 네 번째 분석요인으로 해군기지 주둔을 동의한 국가 내 사회적, 문화적 그리고 정치적 조건을 덧붙인다. 이와 함께 모든 면에서 정치적 고려는 반드시 필요하며, 이는 다른 조건들을 무력화시킬 수 있다고 지적한다. 사회적 또는 정치적 장애는 위치의 가치를 저하시키거나 전부 무력화시킬 수 있다. 머핸은 바로 이러한 이유로 아이티 섬을 미군 기지로 적합하다고 생각하지 않는다. 아이티 섬 내 끊임없이 발생하는 정치적 격변 또는 사회정치적으로 "무력화된 상황"은 미 해양전략에 있어 자산이 되기보다는 "자동력이 없는 장애"가 될 뿐이기 때문이다.[44] 아이티 섬에 대한 접근은 신뢰할 수 없을 뿐만 아니라 해가 될 가능성마저 있다.

주둔국의 정치에 대한 머핸의 생각은 차후에 덧붙인 것과 같이 들리지만 그는 환경, 역량 및 자원이 전부가 아님을 분명히 명시했다. 주둔하는 지역 내 사회문화적 배경, 즉 인류 지형(human terrain)을 이해하는 것 또한 중요하다. 다행히도 강한 국가들은 더 이상 기지를 건설하기 위해 자국 내 영토에 대해 씨름하지 않아도 된다. 반면 주둔국의 이익, 견해 및 우려사항들은 충분히 고려해야 하며, 그렇지 않을 경우 어려운 시기 기지에 대한 접근이 제한되거나 거부되는 위험을 감수해야 한다.

만약 지도부가 인류 지형을 무시한다면 분쟁 중인 또는 무능한 정부는 소중한 지역의 전략적 가치를 무의미하게 만들 수 있다. 미국-필리핀 관계는 과거 식민지이자 현재 동맹국인 어려운 관계의 대표적인 예다. 1992년 피나투보 산이 폭발하여 미군시설이 파괴된 이래 마닐라는 미국에게 군도를 떠날 것을 요청했다. 이후 중국과 남중국해 영유권 분쟁을 둘러싸고 많은 필리핀 주민과 지도부 사이에 미군이 복귀하기를 선호하는 경향이 두드러졌다. 그럼에도 불구하고 전 지배국을 다시 초청한다는 사실은 필리핀의 대다수 국민에게는 치욕스러운 일과도 같다. 머핸은 미국 기지와 관련하여 필리핀 내 이와 같은 인류 지형에 대해 크게 놀라워하지 않을 것이다.

하와이는 머핸의 도표상 지리적 위치에서 보았을 때 이상적인 위치이다. 머핸은 전쟁을 수행할 가능성이 큰 지역에 대해 언급하기 전에 지형을 조사하던 "나폴레옹"에게 경의를 표했다.[45] 보나파르트는 가장 먼저 눈에 띄는 자연 특징을 시작으로 유리한 위치, 위치 간의 거리, 상대적인 방향 또는 바다에서 자주 쓰는 표현으로 그들의 "베어링(bearings)" 및 군사작전에 영향을 미치는 특정 시설들을 면밀하게 조사한다. 이를 통해 결정적 지점에 대한 명확한 확신을 가질 수 있다. 이러한 지점들의 수는 지역의 특성에 따라 크게 다르다. 산지가 험한 지형의 경우 이러한 지점이 많을 수 있는 데 반해, 자연 또는 인공 장애

> 물이 없는 평원의 경우는 거의 없거나 아예 없을 수도 있다. 결정적 지점이 적다면 각 지점의 가치는 결정적 지점의 수가 많은 경우에 비해 필연적으로 더 클 수밖에 없다. 그리고 만약 지점이 단 하나라면 그 중요성은 유일할 뿐만 아니라 그 영향이 미치는 지역 크기에 비례하여 클 수밖에 없다(필자 강조).[46]

이러한 측면에서 하와이 군도는 나폴레옹의 마음을 분명 사로잡았을 것이다. 샌프란시스코에서 남서쪽으로 2,400마일 떨어진 하와이 군도는 운송이 지연될 수 있는 대체 경유지가 없는 원의 중심에 위치해 있다. 이 섬들은 파나마 운하와 동아시아를 연결하는 선로를 포함하여 중요한 해로를 가로질러 분포해 있다. 영국 제국 시대에는 캐나다 서부와 호주를 연결하는 항로로 해양전략상 중요한 역할을 수행하기도 했다.[47] 하와이 역시 그러한 항로상 위치해 있다. 19421–43년 사이 미 해군과 해병대가 솔로몬 제도 부근에서 전쟁을 수행한 배경에는 태평양 전쟁 당시 해군작전부장이었던 어니스트 킹(Ernest King) 제독이 호놀룰루를 통해 북미와 호주를 연결하는 항로가 일본 제국 해군에 의해 끊길 것을 두려워했기 때문이다. 요컨대 머핸의 시각에서 하와이 군도는 진주만에 시설을 갖추고 강화하며 보급하기 위해 많은 노력과 비용을 들일 충분한 가치가 있는 지역이다.

중앙아메리카

파나마 지협은 하와이를 거쳐 아시아로 가는 운송의 중요한 지점이 될 것이다. 머핸은 이러한 운하를 두고 “미국을 위한 태평양으로 가는 관문”이라고 명했다. 이는 남부 해역 내 그의 전략에 있어 가장 중요한 목적과도 같았다.[48] 그에게는 파나마(또는 니카라과)를 가로지르는 운하를 건설하고 약탈을 일삼는 제국으로부터 접근을 보호하기 위해 전투함대를 배치하는 것이 가장 중요한 일이었다. 머핸은 해양력 주창자들로 하여금 파나마 지협이 역사적으로 대서양과 태평양 사이 육로로 상품을 수송하는데 중요한 관문이었고, 따라서 오늘날 국가들이 두 대양 간에 인위적인 수로 건설을 계획하기 이전 이미 수 세기에 걸쳐 “인류에 있어 큰 관심의 대상”이었다는 점을 상기시켰다. 그는 “진취적인 상업 국가들의 경우” “이 국가들을 상업 국가로 만든 특성으로 인하여 결정적인 지역에 대한 통제를 원하는 동시에 이를 목표로 삼는다. 그리하여 결과적으로 모든 시대를 막론하고 항상 통제에 대한 열망이 표출되어 왔다. 때로는 단순한 경계의 태도로 때로는 국가적 질투가 발로한 외교적 경쟁이나 적대시하는 정책 등 충동적인 행태로 표출되기도 하였다"고 주장한다.[49] 이익이라는 욕망을 추구하는 국가들은 무역을 촉진시킬 수 있는 지도상의 중요지점에 대해 관심을 가질 수밖에 없었다.

파나마 지협의 운명이 바로 이러했다. 머핸은 "부패하고 군사적인 스페인 왕국"은 멕시코와 페루로부터 들여온 보물과 함께 "지협으로 흘러 들어와 주변에 축적된" 필리핀 제도의 공물에 의존했다고 보았다. 대영제국은 서반구와 그 주변에서 전쟁을 벌이는 동안 무역과 상업을 위해 카리브해 분지에 의존했다. 이러한 의존도가 너무나 커 1779년 조지 3세는 영국이 노출되는 한이 있어도 영국 왕립해군을 인도에 주둔시키겠다고 맹세할 정도였다.[50] 머핸의 시각에서 보면 국가들이 이러한 항로를 통제함으로써 그들의 "가장 확실한 번영"을 찾을 수 있다는 점은 국제관계에 있어 불변의 법칙과도 같았다. 따라서 국가들이 이러한 항로 통제를 두고 경쟁하는 것은 당연한 일이었다. 동시에 머핸은 "유럽 정치에 있어 이러한 결정적 영향을 미칠 수 있는 지역이 위험에 빠진다면, 이를 지키기 위해 국가들이 전시뿐만 아니라 평시에도 경쟁적으로 이러한 지역으로 출동하는 것은 불가피한 선택이다. 그리고 지배권을 위한 이러한 끊임없는 경쟁은 해당 해역을 통제할 수 있느냐에 달려있다. 모든 해양 지역과 마찬가지로 해군의 우위에 전적으로 의존하면서도 부분적으로는 결정적 지점의 장악에 달려있는 것이다. 이를 두고 나폴레옹은 결국 '전쟁은 위치에 달려있다'고 표현한 바 있으며, 이 중에서도 이러한 지협이 가장 중요하다"(필자 강조)고 덧붙였다.[51]

이러한 이유로 경제적 번영에 대한 열망을 가진 강대국들의 관심은 지협에 집중되었다. 지협의 중요성은 이러한 지속적인 요인에서 비롯되었으며 동시에 "사물의 자연적 질서"의 일부였다. 그리고 그는 "중앙아메리카 지협에 대한 통제는 해군 통제, 해군의 우위를 의미하며 이에 반해 육지의 소유권은 기껏해야 편리한 일" 정도의 수준이라고 보았다. 머핸은 "신속하고 안전한 이동을 저해하는 두 개의 대양"을 접하고 있는 지형을 가지고 있는 미국의 경우 이 지협에 대해 "현저한 이해관계"를 가지고 있다고 결론지었다. 따라서 "우리의 이익은 상업적인 동시에 정치적인 데 반해 다른 국가의 이익은 거의 전적으로 상업적인 성격을 띤다. 어떠한 다른 합의도 이러한 이익들 간의 균형을 유지하는 것이라 볼 수 없으며 영구적이지도 않다. 이는 우리의 중요한 영향력에 영향을 미치기 어려우며 동시에 다른 국가들의 자연권을 보장할 수도 없다."[52] 당연히도 머핸은 미국을 최우선시했다. 그가 미국의 "지중해"를 옹호하는 논리는 중요한 전략적 지형지물을 활용하려는 경제적 번영, 군사력 및 정치적 결의를 갖춘 야심 찬 해양 강국을 위한 것이다.[53] 파나마 지협과 그 주변의 상황들은 머핸만을 사로잡은 것이 아니다. 시어도어 루스벨트(Theodore Roosevelt) 대통령과 헨리 캐벗 로지(Henry Cabot Lodge) 상원의원과 같이 머핸의 생각을 실제로 실행에 옮긴 해군을 우선시하는 정치인들에게도 큰 영향을 미쳤다.[54] 운하의 문화적 그리고 정치적 필요성을 느낀 미국인은 이들만이 아니었다. 스파이크먼은 "중앙아메리카를 가로지르는 것", 즉 인류의 독창성과 추진력을 통해 지리를 수정하는 것은 미국의 전략적 그리고 정치적 문화에 전환을 가져왔다고 주장했다. 미국은 대영제국의 잔재이자 유럽 이민자들이 향하는 도착지로서의 잔재로 인해 자연적으로 유럽을 향해 동쪽을 바라보고 있었다. 그러나 스파이크먼은 바다 사이에 새로운 수로를 건설함으로써 "미국 전체가 그 축을 중심으로" 회전했다고 주장한다.[55] 건국 이래 동쪽으로 기울어져 있던 미국은 이제 남쪽으로 지중해를 바라보다가 서쪽으로 태평양을 바라보고 있다.

무역과 상업이 해양전략의 핵심이라면 파나마 운하는 실질적인 수입을 가져다주었다. 실제로 대양을 횡단하는 지름길은 뉴욕을 태평양과 함께 미국 기업들이 그곳에서 찾고자 했던 부에 가깝도록 순간적으로 이동시켰다. 뉴욕에 기반을 둔 상인들은 이제 리버풀의 주요 상업 항구에 기반을 두고 있던 영국의 경쟁자들에 비해 상하이까지 더 빠르게 도착할 수 있었다. 지리적 변경은 미국에게 즉각적인 경쟁력을 부여했다. 미국 선박은 더 이상 한 대양에서 다른 대양으로 건너기 위해 대륙을 되돌아가지 않아도 되었다. 그리고 북아메리카 해안 사이의 항해는 이제 수천 마일만큼 단축되어 미국 내 내부 이동이 보다 용이해졌다.[56]

카리브해와 멕시코만

귀한 자산을 보호하는 데 문제가 없는 것은 아니었다. 머핸은 유럽 해군이 지협을 오가는 선박의 흐름을 규제하기 위해 카리브해와 만에 해군 기지를 건설할 것을 우려했다. 이는 그가 중요하다고 생각하는 미국의 이익에 반하는 결과를 초래할지도 모르는 일이었다. 머핸은 실제로 유럽 해군이 해군 기지를 건설할 경우 그로 인한 피해가 클 것이라고 생각하였고, 즉시 미 해군으로 하여금 이러한 상황을 잠재울 수 있는 자체 기지를 위한 장소를 찾기를 간청했다. 그러나 실제로 어느 지역이 적절할 것인가라는 질문이 제기됐다. 머핸은 전반적으로 남쪽 바다를 가로지르는 항로를 살펴본 후 자메이카와 쿠바를 전방 전초기지를 위한 가장 유력한 후보지로 지목했다. 각 섬을 평가할 당시 그는 "모든 방향의 항로로 뻗어 있는" 자메이카의 위치를 가장 큰 장점으로 손꼽았다.[57] 순수하게 위치만을 판단한다면 영국이 소유한 섬은 카리브해에서 가장 큰 잠재력을 가지고 있었다. 반면 자원의 측면에서는 수준 미달이었다. 함대를 유지하기 위해 캐나다 또는 영국 제도로부터 바다를 통해 운송된 화물에 의존했다. 따라서 이 작은 섬은 해상 봉쇄에 취약할 수밖에 없었다.

그렇다면 쿠바의 경우는 어떠한가? 쿠바가 가지고 있는 조건은 자메이카의 경우를 무색하게 만들 정도였다. 머핸은 쿠바를 대서양에서 영국 요새까지 뻗어 있는 모든 항로에 접해 있는 축소된 대륙으로 여겼다. 다시 말해, 그곳에 주둔하고 있는 적대적인 함대(아마도 미국 함대)는 분쟁 시기에 자메이카를 고립시키고 천천히 굶주리게 할 수 있다. 이에 영국은 자메이카에 완전한 전략적 가치를 부여하기 위해 보다 역량 있는 해군을 배치해야 할 것이다. 그러나 머핸 시대만 하더라도 영국 해군이 미 해군의 본거지에서 미국을 능가할 수 있을지 의구심이 높았다.

사실 영국 해군은 20세기로 접어들면서 미국 해역을 어느 정도 비워냈다. 런던은 워싱턴의 상대적 호의에 위안을 얻으면서 미 해군의 우세에 굴복했다. 역사가 새뮤얼 플래그 베미스(Samuel Flagg Bemis)가 표현한 바에 따르면 영국 지도자들은 "오히려 그 지역에서 미국이 우세하다는 것을 확실히 묵인"하는 모습을 보였다.[58] 더불어 전략적 우선순위를 핑계로 영국 해군의 철수를 정당화하기도 했다.

런던은 당시 북해에서 전함 함대를 집결시키기 시작한 독일제국과 맞서기 위해 본국 함대를 집결해야 했기 때문이다.

미국의 종주권은 영국 해군의 철수를 가능하게 했고 영국과 미국 간의 모종의 협력은 자메이카의 지리적 위협을 무력화하였다. 이로 인해 선택지로서 쿠바만 남게 되었다. 쿠바는 자원과 자연 방어적인 측면에서 사실상 자급자족했으며 더 강력한 함대가 그곳에 주둔하지 않더라도 그 가치를 유지했다.[59] 이는 지협과 대서양을 연결하는 해양을 관할하기 위해 머핸이 선택한 전방 기지 위치의 대표적인 예다. 미국 플로리다주에 위치한 펜서콜라(Pensacola), 키웨스트(Key West)와 같은 항구는 여러모로 부족한 부분이 많았다. 우선 지리적으로 원거리에 위치하고 있다. 자원 측면에서도 다른 지역들과 멀리 떨어져 있었다. 많은 지역들, 예를 들어 펜서콜라, 알라바마에 위치한 모바일 베이(Mobile Bay) 및 뉴올리언스는 지도상 서로 가까이 위치해 있다. 그들 중 몇몇의 경우 "너무나 근접하고 너무나 강하여 실질적으로 아우르기에는 역부족"이었다.[60]

쿠바의 관타나모만은 또 다른 문제였다. 쿠바는 항해할 수 있는 항구와 풍부한 천연 자원을 가진 해안선이 긴 섬이었기 때문에 군은 섬 내에서 좌우로 이동하면서 자체 재보급을 통해 기동하고 봉쇄의 위협을 무시할 수 있었다.[61] 머핸의 위치, 역량, 자원이라는 세 가지 기준으로 보면 규모가 매우 작은 섬이었음에도 불구하고, 만약 스페인의 통치가 축출된다면 섬 주민들의 정치가 문제가 될지 여부를 장담하기 어려웠다. 따라서 주둔국과의 관계는 머핸식 계산법에 있어 중립적인 요소로 자리잡고 있다. 후보지에 대한 장단점을 종합한 후 머핸은 미 해군으로 하여금 쿠바에 주둔하도록 촉구하였다. 그리고 이는 미국의 해군에 있어 중요한 역량이 되었다.

항해 지리학적 측면에서 이러한 진출을 통해 우리는 무엇을 배울 수 있을 것인가? 첫째, 육지와 바다는 상호의존적이라는 점이다. 바다를 근해 피난처로 사용할 수 있는 능력은 국가의 중대한 문제가 결정되는 해안에 영향력을 행사할 수 있는 능력을 부여한다. 동시에 해군은 해상에서 작전을 지속할 수 있도록 재충전을 위한 육지 내 기지가 필요하다. 이러한 측면에서 해양과 육지는 공생관계를 유지한다.

둘째, 전략적 지리학에는 수요와 공급의 법칙이 존재한다. 만약 섬이나 해안이 유리한 지역에 위치해 있고 그 수가 적다면 자원, 자연적인 방어 또는 항구의 조건이 다소 실망스럽다 하더라도 그 자체로 분명 전략적 가치가 있다. 지리적 위치의 공급이 부족할수록 수요는 더 커지기 마련이다. 그러나 정부가 해군기지를 건설, 개선 및 보호하는 데 정치적, 재정적, 군사적 투자를 하기 전에 기지를 위한 다른 지역을 평가하는 것은 여전히 중요하다. 그렇지 않으면 유한한 공공 자원이 낭비될 것이다.

셋째 최근 첨단기술이 바다와 육지 사이의 상호작용을 재편하고 있다는 점을 상기할 필요가 있다. 우리는 육상 기반의 해양력 시대에 살고 있다. 해상에 영향을 미칠 수 있는 모든 도구는 해양력의 도구라 할 수 있다. 이것이 반드시 함포나 전술 항공기일 필요는 없다. 첨단 센서와 기타 감시 기술로 뒷받침되는 장거리 정밀타격 무기는 육지에서 해양까지 그 힘을 투영할 수 있다. 무인 항공기, 수상 및 수중 차량은 해전에서 중요한 역할을 한다. 사이버전은 적의 네트워크나 센서를 교란하여 전체 또는 개별 부대를 서로 격리하고 하나씩 패배시키는 공격을 가할 수 있다. 해양전력의 도구를 결합하고 또 재결합하기 위한 방안은 사실상 무궁무진하다.

제3장에서는 함대와 해안 기반 화력 지원 간의 공생관계에 대해 훨씬 더 자세히 설명할 예정이다. 현 단계에서는 참고만 하면 충분하다. 해양력은 더 이상 함대나 해군만이 임무를 수행하는 배타적 영역이 아니다. 공군, 육군, 해안경비대와 같은 비해군 군종 그리고 상선이나 해상 민병대조차도 공해에 영향을 미칠 수 있다. 이것들은 모두 해양력의 도구이다. 기본적인 지리적 위치를 무시할 수 없는 것처럼 건전한 해양전략을 고민하는 누구라도 이를 무시할 수 없다.

선박: 상선단

그의 가르침이 시대를 관통하여 지속되길 바랐던 이론가에 걸맞게 머핸은 상선의 크기와 형태에 대해서는 그리 자세하게 언급하지 않았다. 그는 미국이 상업강국이자 강한 해군력을 보유하기를 목표로 삼았기 때문에 주로 미국을 상정하여 연구를 진행하였다. 동시에 그는 그의 연구가 미국이 아닌 해양 강국을 꿈꾸는 다른 국가에게도 가치가 있도록 애를 썼다. 몇몇 국가의 경우 정부가 상선단을 소유하는 데 반해 다른 국가들은 전적으로 민간에 의존한다. 또는 경우에 따라 공공과 민간이 혼재된 경우도 있다. 머핸은 이러한 측면을 보다 세부적으로 연구할 필요성이 있다고 판단했을지 모른다.

실제로 그는 이와 관련하여 몇 가지 중요한 점을 발견하였다. 첫째, 그는 해군이 아닌 진정한 해양(maritime) 활동에 초점을 맞춘다. 그는 명예와 명성을 얻는 전함만큼이나 화물선 또한 전략적 의미와 국가적 위대함을 담고 있다고 본다. 그는 상업을 해양전략의 원동력이라고 강조한다. 상선은 원자재와 완제품을 바다 건너로 운반함으로써 전 세계 공급망의 분배 링크를 구현한다. 로드리게의 말을 인용하면 상선이야말로 생산과 소비를 연결하는 주체이다.

둘째, 상선의 수는 많아야 하지만 그 크기가 너무 커서는 안 된다. 머핸은 범선 시대 영국과 네덜란드 해상 무역은 번영한 반면 스페인과 포르투갈 무역은 시간이 지남에 따라 위축된 이유에 대해 설명한다. 그는 영국과 네덜란드의 경우 많은 수의 소규모 선박을 통해 무역을 분산한 반면 이베리아 제국은 소수의 대규모 상선에 집중했기 때문이라고 결론지었다. 스페인 또는 포르투갈의 육중한 갤리온선은 각 국가 자원의 대부분을 운반하였다. 머핸은 운반 능력이 너무 큰 선박을 건조하는 것은 그만큼 위험이 따른다고 보았다. 효율성만을 좇는다면 소수의 큰 선박에 화물을 싣는 방안도 고려할 수 있겠으나, 이는 필연적으로 전략적 위험을 수반한다.

따라서 머핸은 만약 공해상에서 일이 잘못될 경우 해운 산업에 있어 규모의 경제란 헛된 일이라고 언급했다. 소수의 큰 선박에 많은 상품을 집중하여 적재할 경우 날씨, 해적 또는 약탈에 의해 단 한 척의 배라도 손실된다면 상당한 국부(國富)의 손실을 입을 위험이 있다. 이에 반해 여러 척의 소규모 선박으로 분산시켜 수송하는 경우 다양한 시나리오상에서도 매우 유동성 있게 운용할 수 있다. 몇 척의 선박이 손실되더라도 큰 경제적 타격없이 견딜 수 있는 것이다. 한 척의 선박은 총 운반 능력에 비해 매우 작은 비중을 차지하기 때문이다. 요컨대 머핸은 “한 국가의 수입과 산업이 스페인 갤리온선과 같은 소수의 대규모 선박에 집중될 경우 단 한 번의 공격만으로도 군자금은 끊길 수 있다. 전쟁의 힘줄이 뇌졸중으로 잘릴 수 있는 것이다. 그러나 부(富)가 수천 척의 선박으로 분산되고 그 체계의 근간이 깊고 넓게 자리잡았을 때에는 어떠한 충격에도 견딜 수 있다. 뿌리가 깊고 넓게 뻗은 나무의 경우 그 가지를 잘라도 생명을 유지하는 것과 같은 이치"라고 표현했다.[62] 분산은 강인한 지속력을 부여한다.

셋째, 머핸은 분배 기능을 개인 또는 외국 기업에 양도하기보다 국가가 상선단을 유지하는 방안을 선호한다. 제1장에서 살펴보았듯이 그는 평시 굳건한 상선단을 유지함으로써 전시 상황에서 즉각 숙련된 선원을 보강할 수 있다고 보았다. 이는 인력뿐만 아니라 군으로 신속하게 전환할 수 있는 예비 선박 또한 제공한다. 그러나 민간 기업이 인력과 선박을 운용하는 경우 법적 절차로 인해 이러한 예비 해양 역량을 활용하기는 쉽지 않다. 외국 선박을 통해 상품을 운반하는 경우 상황은 더욱 어렵다. 외국 상선과 선원들의 경우 해당 국가의 관할권 범위를 넘어서기 때문이다. 이로 인해 해양력을 지원하거나 해양문화를 강화하는 데 거의 기여하지 못하는 결과를 초래한다.

다시 말해, 상선단은 해양에서 전쟁의 필요성, 어려움 및 위험을 줄이기 위한 전략인 일종의 "헤지(hedge)"를 제공한다. 전시 상선을 징집하는 것은 일반적인 관행이다. 예를 들어, 세계대전 동안 해군은 원양 정기선을 개조하여 대서양을 가로질러 인력과 군수품을 수송하는 용도로 사용하였다. 전쟁을 수행하는 기간 동안 화물선 및 급유선을 비롯한 모든 종류와 규모의 선박들이 상선단에 합류했다. 영국 왕립해군은 1982년 포클랜드 전쟁 동안 헬리콥터와 기타 보급품을 남대서양으로 수송하기 위해 컨테이너선 대서양 컨베이어를 징집하기도 했다. 역사상 이러한 예는 무수히 찾아볼 수 있다. 상선은 국가 위기 시 두 가지 임무를 모두 수행한다. 정부는 이렇듯 평시에는 화물 수송 등 일상적인 업무를 담당하지만 전시에는 해양력의 필수적인 수단인 상선단을 발전시킬 수 있도록 관심을 가져야 한다.

넷째, 다양한 해상 위협으로부터 어떻게 상선을 보호할 것인지에 대한 문제 또한 중요하다. 이 문제에 대해 머핸은 우회적으로 답변하였다. 그는 상선이 공격을 받는 것, 즉 **통상파괴전(guerre de course)**은 "의심할 여지없이 해전에 있어 가장 중요한 작전 중 하나이며 상대는 전쟁 자체가 중단되기 전까지 이를 포기하지 않을 것"이라고 인정했다. 그는 공해상에서 통상파괴전을 통해 전쟁에서 승리한다는 것은 "망상 중에서도 가장 위험한 망상"이라고 생각하면서도 이에 대한 영향력만은 무시할 수 없다고 강조했다.[63] 해양전에서 결정적이지는 않지만 그럼에도 불구하고 남북전쟁 간 남부연합이 북군 해군함대를 습격한 것과 같이 적대 해상교통에 큰 악영향을 미칠 수 있다.[64] 상선단 구성을 다양화한다면 약탈에 의해 몇 척의 선박을 잃게 되더라도 그 영향을 줄일 수 있을 것이다.

상선을 보호하는 최선의 방법은 누구로부터 보호하느냐에 달려있다. 머핸은 주로 전면적인 해전에 관심을 가지고 있었기에 해군을 염두에 두고 있었다. 따라서 그가 제시한 대응방안은 대부분 급박한 위기상황을 반영한다. 대규모 함대를 제외하고는 호위대 역시 역사적으로 **통상파괴전**에 효과적으로 대응해왔다. 지휘관은 대규모 상선을 집결시켜 잠수함, 수상 습격기 및 지상 기반 항공기를 막기 위해 해군 호위대의 임무를 배정한다. 예를 들어, 미국이 아무런 방해 없이 인력과 군수품을 유럽으로 수송함에 따라 연합 해군은 매 세계대전마다 대서양 해전에서 전쟁을 치러야만 했다. 호송대를 지상 기반의 초계기와 경항공모함 기동함대와 함께 운용함으로써 제2차 대서양 전투에서 유보트에 대응할 수 있었다.

호송대의 효율성에 대해서는 일본 사례를 통해서도 확인할 수 있다. 이유는 분명치 않으나 일본 제국 해군은 1944년 여름까지 호송체계를 도입하는 데 소극적이었다. 이로 인해 당시 대부분의 상선은 태평양 전 지역에서 미국의 잠수함전에 의해 피해를 입었다.[65] 이러한 상황은 미국으로 하여금 물자와 자원의 운송을 온전히 상선에 의존하던 일본을 흔들어놓기 충분하였고 그 결과 일본의 산업 경쟁력은 크게 약화되었다. 만약 미국이 히로시마와 나가사키에 원자폭탄을 투하하기보다 일본 본토를 봉쇄하고 물자와 자원의 운송을 막았더라면 실제로 그 결과 역시 치명적인 것으로 판명되었을지도 모른다.[66]

평시 비국가행위자에 대한 방어는 또 다른 차원의 어려움을 제기한다. 예를 들어, 해적들은 오만만, 기니만 또는 남중국해와 같이 해적활동이 심한 지역 내 항로의 이동을 위태롭게 한다. 해군이 순찰을 위해 전함을 파견할 수 있으나 큰 수역에 비해 역부족일 경우가 많으며 각 함대가 순찰할 수 있는 지리적 범위를 적절하게 부과하기 위해 분산되어야 한다. 이러한 분산은 도적들이 악용할 수 있는 순찰선 사이의 간격을 넓히는 결과를 낳는다. 또한 해적선이 공격 현장으로 이동할 때 응답 시간이 느려진다. 이러한 경우 어떻게 대응해야 하는가?

역사적으로 경험이 많은 유럽 관습은 상선을 무장시켜 스스로를 방어하는 것이었다. 여기에는 화력이 사거리 내 위치하도록 보장하는 것 또한 포함한다. 범선시대 상선은 중무장한 경우가 많았다. 예를 들어, 영국 왕실이 투입된 상선은 1588년 스페인 함대를 격퇴한 영국 전함의 약 2/3를 차지할 정도다.[67] 오늘날 정부는 경무장한 해적을 막기 위해 그 정도의 규모를 배치할 필요는 없다. 상선은 해적 공격에 대해 몇 가지 간단한 예방 조치를 취할 수 있기 때문이다. 문제가 발생할 소지가 높은 지역을 회피하는 항로를 택하거나 고속으로 통과할 수 있다. 또한 해적이 쉽게 탑승할 수 없도록 선박 측면에 위치한 사다리와 기타 부속품을 제거할 수 있다. 선원은 스스로 무장하거나 해병대 또는 보안요원이 해적이 출몰하는 해역을 운항 시 상선 내에 위치할 수도 있다. 기본적인 자기방어의 원칙이 수세기에 걸쳐 적용된 사례다.

머핸이 만약 오늘날 미국 상선이 운용되는 상황을 본다면 실망감을 표할 것이라고 어렵지 않게 예상할 수 있다. 미국 국적 선박은 그 수가 적은 반면 중국과 같은 경쟁국의 경우 많은 상선의 확보하고 있다. 나아가 전시에 이러한 상선을 활용하는 절차가 단순하고 용이할 수 있도록 최초부터 군사 표준에 맞춰 상선을 건조하도록 추진 중이다.[68] 워싱턴은 이러한 경쟁국으로부터, 과거 세계대전 중 상선을 건설했던 역사적 배경으로부터 그리고 미국 민간 함대의 구성과 이로 인한 전략적 이점을 주창하는 머핸에게서 교훈을 얻어야 할 것이다.

선박: 해군

머핸은 해군 함대를 구성하는 방법에 대해 많은 사람들이 생각하는 것만큼 구체적으로 설명하지 않았다. 서두에서도 언급했듯이 전문가들조차 그를 전함의 주창자로 폄하한다. 동시에 머핸이 언급했던 전함은 오늘날 더 이상 존재하지 않으며, 그를 첨단 미사일 시대에 대한 통찰력이 없는 유물로 치부한다. 그러나 머핸은 자신의 아이디어가 여러 세대에 걸쳐 지속되기를 원했다. 그는 기술과 전쟁 방법이 변한다는 사실을 분명히 인식했고 시간이 지나도 변함없는 일반적인 원칙을 찾고자 집중했다.

머핸은 사실상 전함이 아니라 "주력함"을 강조했다. 그가 정의하는 주력함은 특정 유형의 선체나 무기체계가 아닌 "모든 해군의 중추이자 실질적인 힘"이다. 즉 "적절한 방어 및 공격력을 통해 강한 타격을 가할 수 있는 선박"을 뜻한다.[69] 주력함은 머핸이 생각하는 전투함대에 있어 핵심과도 같다. 이러한 주력함은 거의 대등한 적 함대에 맞서 응징하고 공격을 막아내며 승리를 위해 싸운다.

이러한 정의는 함대를 기획하는 데 있어 여전히 귀중한 시작점이 된다. 머핸의 시대에 전함은 실제로 해전의 최전선에 서 있었다. 함포는 한 세기 전 군용 항공이 등장할 때까지 전함의 주요 무기로 남아 있었다. 효과적인 화력 통제를 통해 유도하는 함포 포대는 전함의 공격력을 배가했다. 두꺼운 장갑, 구획(선체를 방수가 되는 구획으로 분할함으로써 충돌이 발생하더라도 선박 전체가 침수되거나 가라앉지 않도록 함) 및 기타 설계된 기능으로 인하여 전함은 방어력을 갖출 수 있었다. 따라서 해군은 이러한 "수동형" 방어를 신뢰하고 작전계획을 발전시킬 수 있었다. 이를 위한 기본 가정은 아군의 전함과 거의 필적할 만한 타격력을 가진 적의 공격에 맞서 이를 견딜 수 있을 만큼 충분히 견고하게 건조되어야 한다는 것이었다.

적 전함과 맞붙어 큰 타격을 가할 수 있는 함선이라면 그 시대 최고의 전투함인 주력함의 자격을 갖출 수 있다. 1920년대 초 공군의 아버지로 불리는 빌리 미첼(Billy Mitchell) 장군은 항공기가 전 독일 전함 오스트프리슬란트(Ostfriesland)를 침몰시키는 실험을 감독하면서 항공이 전함을 대체한다고 주장했다.

그러나 해군 항공이 수상함에 비해 주목을 받게 된 시기는 1941년 12월 7일로 보는 것이 일반적이다. 이는 일본 제국 해군 항공모함으로부터 출동한 항공기가 미국 태평양 함대를 향해 공중 발사 어뢰와 폭탄을 발사한 날로 치명적인 결과를 낳았다. 제2차 세계대전이 끝날 무렵이 되어서야 미국의 항공모함은 일본의 초노급전함인 무사시(Musashi)와 야마토(Yamato)를 침몰시킬 수 있었다. 70,000톤의 배수량과 무게 3,200 파운드에 포탄을 26마일 거리까지 발사할 수 있는 18.1인치

주포를 장착한 야마토는 당시 기준으로 제작된 전함들 중 가장 규모가 크고 위력적이었다. 만약 이러한 전함이 공군력에 맞서 버티지 못한다면 다른 어떠한 수상함도 버틸 수 없었을 것이다.

무사시, 야마토 그리고 그 밖의 수많은 수상함들의 패배는 항모와 그 타격 무기인 항모비행단의 우위를 확인시켜 주는 계기가 되었다. 이들은 수십 마일이 아닌 수백 킬로미터에 걸쳐 타격을 가할 수 있었다. 이러한 측면에서 머핸이 제시한 기준은 여전히 주력함을 평가하는데 유용하므로 해군 함대를 설계하는데 참고점으로 삼을 수 있다. 그러나 주력함의 방어력이 장갑과 같은 수동형 방어에 비해 보다 "능동형" 방어에 가까워지고 있다는 점에 주목할 필요가 있다. 즉 방자의 입장에서는 적이 그들의 무기를 발사하기 전 장거리부터 공격하고자 할 것이다. 그리고 오늘날 전함의 공세적인 화력은 항공기뿐만 아니라 수상함과 잠수함에 장착된 유도미사일에 의해서도 가능하다. 따라서 현대 전함은 미사일로 인하여 공격력뿐만 아니라 방어력까지도 상당 부분 갖추었다고 할 수 있다.

오늘날 주력함은 무엇인가? 여전히 큰 비행갑판을 가지고 있는 항공모함인가? 아마도 그럴 것이다. 항공모함은 수백 마일의 작전 반경을 가진 전투기를 발진시켜 적을 공격할 수 있다. 항공모함 선체는 과거의 전함과 유사하게 내부를 보호하기 위한 방어장갑으로 덮여 있다. 항모에서 발진한 전투기는 적의 항공기와 선박이 사정거리 내 접근하기 전 함대를 능동적으로 방어할 뿐만 아니라 공중, 미사일 및 잠수함 공격에 대응하여 이러한 "고가치 항모"를 방어할 수 있는 체계를 갖춘 순양함 및 구축함과 함께 임무를 수행한다. 반면 중국과 같은 잠재적인 적은 대함탄도미사일 및 순항미사일로 무장하고 있으며, 그중 상당수는 항공모함의 전력을 능가하며 일제사격이 가능하다. 항모의 방어 능력이 여전히 충분한지 여부는 오늘날 해군이 직면한 가장 시급한 문제 중 하나이다.

유도 미사일을 탑재한 순양함과 구축함은 어떨까? 이러한 선박들은 공격 능력이 뛰어나다. 만약 머핸이 이러한 선박에 장착된 수직발사체계를 본다면 큰 관심을 보일지도 모른다. 수직발사체계의 각 셀은 하나 이상의 미사일을 방출하여 원거리에서 적 함대나 해안의 목표에 타격할 수 있다. 이것이 화력이다. 반면 이러한 선박은 거의 방어장갑으로 무장되어 있지 않다. 수상전투함은 더 이상 전함과 같이 주포를 발사하고 전투를 하도록 제작되지 않는다. 이러한 수상전투함은 함선을 공격하기 전에 대함 및 대공 미사일, 전자 교란 및 근접사격과 같은 능동형 방어를 통해 위협을 차단한다.

현 미국 해군의 목표는 미사일로 무장한 "궁수"가 "화살" 또는 미사일을 발사하기 전에 쓰러뜨리는 것이다. 만약 이러한 조치가 실패할 경우 수상전투함 선체는 많은 화살에 대응할 수 있는 회복력이 부족하다. 이러한 측면에서 많은 비평가들은 "한 번의 공격만으로도 파괴될 수 있는 선박(one-hit ships)"이라고 비판한다. 아마도 머핸은 수상전투함을 주력함으로 인정하지 않을 것이다.

그렇다면 잠수함이 미래의 주력함이 될 수 있을까? 미사일로 무장된 잠수함은 원거리에서도 적의 잠수함이나 수상 함대를 공격할 수 있는 공격 능력을 갖추고 있다. 동시에 치명적인 어뢰를 운용하며 대다수 적 함대에 대한 미사일을 발사할 수 있는 수직발사기를 갖추고 있다. 잠수함은 이러한 공격 능력과 함께 상당한 방어 능력 또한 자랑한다. 그러나 그들의 수동적인 힘은 튼튼한 선체나 능동적인 방어에 있기보다는 스텔스(stealth)에 있다. 잠수함은 바다의 특성을 이용해 적의 공격을 견디기보다는 회피한다. 바다의 온도, 압력 및 염도의 차이로 인해 적의 센서 주로 소나와 같은 음향 센서로부터 숨을 수 있다.

잠수함은 항공모함, 순양함 또는 구축함과 같은 공격 능력을 갖추고 있지는 않지만 이러한 회피기능을 통해 생존 가능성에 있어 논쟁의 여지가 없는 우위를 점하고 있다. 이러한 측면에서 잠수함 역시 주력함의 지위를 노려볼 수도 있다. 다시 말하지만 어떤 전투함이 함대의 주요 타격부를 나타내는지를 확인하기 위한 머핸의 공식은 그 효력을 유지한다. 이는 또한 미래 전투에서 독립형 주력함이 없을 것이라는 주장, 즉 인간과 기계 간 협업, 무인이동체, 사이버전 또는 기타 새로운 체계가 공격 및 방어 전력의 주요수단이 될 수 있다는 주장을 검증하는 데 도움이 된다.[70]

함대 설계에 대해 콜벳 경의 이야기 역시 귀담아 들을 필요가 있다. 그는 머핸에 비해 주력함에 대해 크게 주목하지 않는다. 그도 그럴 것이 머핸은 함대 자체가 존재하지 않았던 시절 미국이 주력함 함대를 집결하도록 촉구하고자 글을 썼던 반면, 영국 출신 콜벳 경의 경우 이미 영국이 세계 최고의 함대를 보유하고 있었기 때문이다. 반면 콜벳 경은 함대 설계에 보다 집중하였는데, 그는 해군 전체를 구성하는 선박 유형 간의 "삼중 차별화(threefold differentiation)"를 조사하여 주력함, "순양함(cruiser)" 및 "소함대(flotilla)"로 구분한다.[71] 그는 해전의 중심에 주력함이 있다고 생각하지 않았다. 사실 그는 주력함을 다른 함선을 지원하는 용도로 보았는데 이것이 머핸의 관점과 뚜렷하게 대비되는 점이다.

콜벳은 이러한 분류가 고정불변한 것이 아니라는 점 또한 덧붙였다. 그는 "함대를 구성하는 선박의 등급은 결국 당시 시대상으로 우세한 전략적 그리고 전술적 개념의 물질적 표현이자 이를 반영해야 한다"고 말한다.[72] 선박 유형은 기술뿐만 아니라 특정 시대와 국가의 유행하는 개념에 따라 다르다. 다시 말해, 배는 문화재이자 전쟁도구인 셈이다. 콜벳은 해군이 전략과 전술 또는 선박 설계와 관련하여 근본적으로 다른 개념에 부딪힐 경우 어떠한 일이 발생하는지에 대해서는 말을 아꼈다. 이러한 지적 그리고 물질적 비대칭성은 미래 전투의 성격에 대해 생각해볼 수 있는 여지를 준다.

머핸과 마찬가지로 콜벳 역시 주력함은 제해권과 함께 이로 인하여 얻을 수 있는 이익을 위해 적 전투함대와 맞서 싸우는 함대를 구성한다(콜벳이 식별한 해전의 단계에 대해서는 제3장에서 자세히 다룬다). 그러나 그에게 주력함은 전투를 위한 전투가 아니라 적의 주력함이 항로의 우호적인 통제를 위협할 수 있기 때문에 존재한다. 순양함과 소함대와 같은 전함은 통제력을 행사한다. 이러한 전함들은 수적으로 풍부하나 경무장한 상태이므로 함대의 도움 없이는 적의 주력함과 싸울 수 없을 정도로 약하다. 이러한 지원을 위해 주력함이 존재하는 것이다. 따라서 함대는 제해권을 행사하기 위해 항로를 가로질러 항해하는 다수의 소형 선박을 수호하는 임무를 수행한다. 콜벳은 "전함의 진정한 역할은 순양함과 소함대가 바다를 통제하는 중요한 임무를 수행하는 동안 이들을 보호하는 것"이라고 주장한다. "해전에 있어 가장 중요한 목표"는 여전히 "적군을 파괴하는 것"이지만 주요 전투에서 승리하는 것 자체가 목표는 아니다.[73] 이는 단순히 전쟁 이후 더 나은 결과를 위한 조력자의 역할을 수행할 뿐이다.

순양함은 비교적 가볍고 저렴한 편이다. 순양함의 가장 큰 장점은 해군이 감당할 수 있는 예산 범위 내에 있으면서도 임무 수행 간 조우할 수 있는 적국의 선박을 압도할 수 있는 능력을 갖추었다는 점이다. 이들은 흩어져 해양 공공재 내 아군과 상선이 안전하게 항행할 수 있도록 보장하면서 동시에 적대 세력의 사용은 거부한다. 일단 주력함이 제해권을 되찾은 이후에는 순양함이 통제하는 것이 안전하다. 콜벳은 이를 순양함의 "특수 임무"라고 부른다. 소함대는 이보다 더 작은 선박이며, 주로 비무장 또는 경무장한 상태로 근해에서 행정 임무를 수행한다. 이들 역시 함대로부터 보호를 받는다.

요컨대 재정은 이 모든 과정에 있어 엄격한 감독과도 같다. 어떠한 해군도 조선 및 함대 설계를 위한 무한한 자원을 가지고 있지는 않기 때문이다. 따라서 주력함, 순양함 및 소함대에 배정되어야 하는 예산 비율을 정하는 것은 가장 어려운 과제 중 하나이다. 예를 들어, 만약 주력함 비율을 너무 적게 할당하면 강한 라이벌로부터 중요 해역을 통제하는데 터무니없이 부족한 화력으로 대응해야 하는 결과를 초래할 것이다. 결국 해군은 승리할 수 없는 제해권을 행사할 수는 없다.

그러나 전투 능력을 초과하는 것 또한 그 자체로 위험을 수반한다. 순양함이나 소함대 규모가 작을 경우 지휘관이 정찰 및 해상우위를 유지할 수 있는 자산이 적다. 이를 두고 콜벳은 "어떠한 경우에도 전함만으로는 제해권을 통제할 수 없다"라고 언급했다.[74] 만약 기회비용이 해상 지휘권을 행사할 수 있는 함대의 능력이라면 주력함에 너무 많은 예산을 할당하는 것은 자멸하는 지름길과도 같다.

결국 자원을 어떻게 배분할 것인가는 끝이 없는 숙제다. 필자는 콜벳 경과 다른 의견을 제시하고 있는 머핸의 시각에서 이 문제에 대해 살펴보겠다. 적자의 위험을 감수하는 것보다 잉여 전투력 측면에서 실수하는 것이 더 안전하다. 전시에 가볍고 저렴하며 상대적으로 정교하지 않은 전함, 즉 콜벳이 말하는 순양함이나 소함대를 건조하거나 개조하는 편이 복잡한 체계를 갖춘 주력함의 부족함을 보완하는 것보다 쉽다. 동시에 콜벳은 어느 한쪽으로 너무 편향되게 자원을 할당하는 것에 대해 경고한 바 있다. 함대를 설계함에 있어 올바른 균형을 맞추는 것은 해군이 중시해야 할 중요한 목표이다.

콜벳은 그의 이러한 분석과 더불어 반드시 고려해야 할 중요한 점 한 가지를 덧붙였다. 증기 시대가 막 시작되던 당시 새로운 기술 발전으로 인해 순양함은 물론 소함대까지 주력함에서만 사용되었던 규모의 화력을 갖출 수 있게 되었다. 점차적으로 소형 선박들은 주력함에 심각한 피해를 가할 수 있는 어뢰 및 기뢰를 활용할 수 있게 된 것이다. 이론적으로 어뢰정, 기뢰 부설함 및 디젤 잠수함 역시 적의 해안에서 함대의 자유로운 이동을 거부할 수 있는 역량을 갖추게 되었다.

이로 인하여 전술적 부대 지휘관은 적의 주력함뿐만 아니라 이전에는 신경 쓰지 않아도 되었던 소함대나 순양함까지 관심을 가져야 했다. 이를 두고 콜벳은 "해군 전체가 이전의 모든 경험을 뛰어넘는 혁신을 겪고 있으며, 이로 인해 오랜 관행이 더 이상 안전한 지침을 제공하지 못할 수도 있다"고 비탄했다. 이러한 상황에서 전략가들이 할 수 있는 최선이란 역사를 통해 얻은 교훈을 바탕으로 미래를 바라보는 것이었다. 콜벳은 잘 정의된 분업이 결여된 "구조가 없는 함대(structured fleet)"를 예언했다.[75]

머핸과 콜벳 시대보다 강력해진 소함대와 순양함은 전 세계를 뒤집어 놓았고 그 영향력은 현재에 이르기까지 지속되고 있다. 그 이후 기술적 혁신은 더욱 진보하였다. 중국의 022형 후베이급(Houbei) 쌍동선 고속 미사일정이나 스웨덴의 비스뷔급(Visby) 초계함과 같은 초소형 선박조차 대함미사일 능력을 갖추고 있다. 이는 콜벳이 우려했던 초보적인 수준의 어뢰에서부터 발전된 기술이다. 이란의 이슬람 혁명 수비대는 페르시아만의 비좁은 해역을 항해하는 데 쾌속정을 최대한 활용한다. 소함대에서 발사된 미사일은 순양함 또는 구축함의 미사일만큼의 피해를 가할 수 있다. 장거리 정밀 타격 무기를 활용하는 현재 소함대는 완전히 선박으로만 구성되지 않을 수도 있다. 해안 포대는 수백 마일 떨어진 바다로 미사일 수십 발을 발사하여 함대에 화력을 제공할 수도 있다. 해안 근처 비행장에 위치한 전투기 또는 무인 항공기 역시 마찬가지이다. 이것이 "접근 거부(access denial)"와 "지역 거부(area denial)"의 본질이며, 이는 해안으로부터 적대적인 해군을 방어하기 위해 점차적으로 활용되고 있다(이러한 접근 거부의 개념은 제3장에서 검토할 예정이다).

그러나 함대 설계에 대한 이러한 접근 방식은 그 자체로 여전히 가치가 있다. 콜벳이 제시한 선박 등급 간의 분류는 더 이상 실효성이 없을지라도 전투, 치안 및 행정 업무 등의 기능은 그대로 유지된다. 그의 함대 분류는 기술 발전으로 많은 부분이 바뀌었음에도 불구하고 함대와 선박 설계와 관련하여 오늘날까지도 배울 점이 많다.

함대 설계에 이어 다음은 최상의 이점을 얻기 위해 함대를 어떻게 배치할지에 대해 살펴본다. 많은 학자와 실무자들은 머핸이 남긴 "절대 함대를 분열시키지 말라!"는 격언에 대해 오랫동안 비난해 왔다. 그는 그런 말을 결코 한 적이 없다. 머핸이 실제로 해군 지휘관과 정치 지도자들에게 남긴 조언은 이보다 훨씬 복잡하고 미묘하다.[76] 그는 함대 및 예하 부대의 규모를 조정하는 법에 대해 설명한다. 그가 생각하는 대전제는 "함대는 바다를 장악하고 적의 가장 큰 군과 맞서 싸우더라도 승리할 수 있는 가능성이 있을 정도로 충분한 크기의 규모여야 한다"는 것이다.[77]

머핸은 말을 절제하는 편은 아니지만 이 간결한 문구를 통해서도 그의 통찰력을 엿볼 수 있다. 그의 말을 자세히 살펴보자. 그는 해상전투의 물질적 차원과 함께 함선과 화력의 집중과 분산, 승리할 확률과 위험 관리 및 지정학적 문제를 함께 고려한다. 첫째, 그는 지휘관이 특정 함대에 할당할 선박의 수와 유형을 과학적으로 정확하게 계산하는 알고리즘이 아닌 "광범위한" 공식을 집성한다. 전쟁이란 적대적인 세력들이 서로 원하는 바를 얻고자 하는 의지의 상호 충돌이다. 그들은 상대를 무너뜨리기 위해 독창적인 방식을 통해 자원을 배치한다. 이로 인해 발생하는 혼란스러운 결과는 아군과 적군의 능력에 대한 정확한 계산을 비켜 나가기도 한다. 지휘관은 함대의 크기와 역량을 요구조건에 정확히 맞춰 조정할 수 없다. 효율성은 항상 관심사이지만 최우선 관심사가 될 수는 없다.

둘째, 머핸은 함대가 전쟁을 치르기 위해 "충분히 위대해야" 한다고 말한다. 지휘관은 적에 비해 함대를 충분히 위대하게 만드는 요인을 어떻게 판단할 수 있을까? 함대의 크기와 전력 등 이러한 숫자에 의존하는 것은 주의가 필요하다. 톤수, 선체 수 등과 같은 단순한 지표에 지나치게 의존하는 것은 전체 그림을 왜곡시킬 수 있다. 톤수는 전투력이 아니라 배수량 측면에서 다른 함대보다 무게가 더 나가는 것을 의미할 뿐이다. 큰 선박은 더 많은 연료, 무기 및 군수품을 실을 수 있는 것처럼 숫자 자체가 의미 없는 것은 아니지만 톤수 그 자체로 알 수 있는 것은 많지 않다. 마찬가지로 선박의 수 역시 함대의 전투 능력을 보여주는 것은 아니다. 예를 들어, 항공모함과 순찰선은 모두 동일하게 한 척으로 간주된다. 함대가 전투에 적합한지를 평가할 수 있는 신뢰할 수 있는 단일 지표는 없다. 모든 전력 지수를 고려하여 각 함대가 전투현장에서 발휘할 수 있는 화력을 추정할 수 있는 지표 또한 없다.[78] 물론 그러한 경우에도 여전히 추측해야 하는 부분이 상당할 것이다. 이것이 해전의 현실이다.

셋째, 함대는 “가장 큰 전력”에 맞서더라도 “합리적인 확률”로 성공을 할 수 있도록 구성되어야 한다. 머핸은 지휘관들에게 우월성은 절대적인 것이 아니라 상대적인 것임을 상기시킨다. 자신의 능력과 한계에 대한 솔직함은 훌륭하고 칭찬할 만하나 현실적인 시나리오에서 가능한 힘의 균형을 예측하려면 적의 능력과 한계에 대한 합리적인 추정은 필수적이다. 이는 단순히 개별 해군 함대의 전력을 비교하는 것이 아니라 해도의 특정 위치상에서 육, 해, 공군의 합동 전력을 평가하는 것이다. 이것이 바로 머핸의 “가장 큰 전력”이 뜻하는 바다. 또한 이러한 광범위한 관점은 지휘관이 위험을 관리하는 데 도움이 된다. 이것이 바로 머핸이 “합리적인 확률”이라고 표현했던 함대의 규모를 포괄적인 측면에서 평가하여 조정하는 방식이다.

넷째, 지휘관은 자신이 마주할 “가능성”이 있는 적이 얼마나 강한지를 측정해야 한다. 이는 단순히 물리적 역량을 측정하는 문제가 아닌 정치적이고 전략적인 질문이다. 가장 기본적인 전략은 우선순위를 설정하고 이에 따라 시행하는 것이다.

특정 전역에 어느 정도의 전력으로 위험을 감수할 것인가는 해당 전역에서의 정치적, 전략적 목표를 얼마나 소중히 여기는가에 달려 있다. 동시에 다른 전역에서의 공약을 어느 정도 유지하고자 하는지에 달려 있다. 오늘날의 미국이나 전성기 대영제국과 같은 세계 강대국은 다른 공약과 이익을 포기할 준비가 되어 있지 않는 한 모든 자원을 한 지역에 쏟을 수는 없다. 그 정도의 비용과 위험을 감당할 만큼의 이해관계는 찾아보기 힘들다. 지도자들은 일반적으로 가능한 많은 공약을 지키고자 노력한다. 각 공약을 지키기 위해 전체 전력에서 일부를 할당하는 등 자원을 세분화한다.

지역 내 적국 인근지역에 나타날 가능성이 있는 비율을 추정하는 것은 적의 손에 자체 함대의 크기를 지정하고 형성하기 위한 척도이다. 머핸의 생애 동안 영국 왕립해군은 최소한 가상의 적이기는 했으나 영국은 전 세계적으로 관리해야 하는 제국이었다. 영국 왕실이나 의회가 인도나 아프리카와 같은 곳에서 영국의 제국적 소유와 이익을 위태롭게 하고자 하지 않는다면 영국 해군의 대부분을 한 지역, 예를 들어 카리브해에서 발생한 우발상황에 모두 투입할 수는 없는 노릇이다. 머핸은 영국이 배치할 수 있는 적정 수준의 함대 규모를 바탕으로 미국 해군 규모의 적정성을 판단할 수 있었다. 그는 미 해군이 약 20척의 전함으로 구성된 함대 규모라면 영국과 조우하여 전쟁을 치루더라도 합리적인 수준의 성공 가능성을 유지할 수 있을 것이라고 계산했다.

이는 전체 선박 수의 측면에서 본다면 미국 해군은 영국 왕립해군에 비해 열세하지만 미국이 지키고자 하는 수역 내에서는 우월할 수 있을 정도로 강하다. 그 정도면 충분하다. 머핸은 "결정적인 행동을 취함에 있어 결정적인 지역 우위를 선점하는 것은 전술 및 전략과 마찬가지로 군사기술의 주요 목적"이라고 단언한다.[79] 미국은 끊임없는 군비 경쟁에서 영국 왕립해군의 규모 이상으로 건설하지 않으면서도 해상에서의 목표를 성취할 수 있는 중요한 시기와 중요한 장소에서 결정적인 지역 우위를 달성할 수 있다. 워싱턴은 지역적으로 우월하면서도 동시에 전 세계적으로 열등한 위치에 만족할 수 있다.

전략적 계산에 대한 이러한 정교한 접근 방식은 "절대 함대를 분할하지 말라"와는 거리가 멀다. 머핸은 워싱턴이 미 해군을 전시에 곤경에 처했을 때 서로 상호지원 할 수 없도록 전략적으로 분할할지도 모른다고 우려했다. 그는 대서양과 태평양 함대를 만들면 해군이 양쪽 바다에서 일본이나 독일과 같은 도전자보다 열등한 위치에 처할 수 있으며 두 함대 모두 치명적인 패배를 당할 수 있다고 경고했다. 한 해안을 무방비 상태로 유지하고 다른 해안에 지배적인 함대를 유지하는 것이 해군을 분할하고 한 번에 모든 것을 잃을 위험을 감수하는 것보다 낫다.

이러한 관점에서 머핸은 1904-5년 러일 전쟁 동안 일본 제국 해군이 러시아 해군을 점진적으로 분쇄하는 것을 공포에 질린 채 바라보았다. 러시아는 발트해, 흑해, 태평양 전역에 나누어 해군전력을 배치했다. 일본 연합함대는 1904년 8월 황해에서 러시아 태평양 함대를 전멸시켰고(블라디보스토크에 기지를 둔 순양함 중대는 이를 겨우 피할 수 있었음), 상트페테르부르크가 러시아 해군력을 회복하기 위해 발트해 함대를 전역에 파견한 이후 1905년 5월에 순차적으로 이를 전멸시켰다. 머핸은 이러한 러시아의 대처를 해양전략을 수행하지 않는 하나의 예로 지적했다.[80] 더 강한 국가라 할지라도 전략적으로 경솔하면 전쟁에서 패배하는 법이다. 미 해군은 이와 같은 러시아의 운명을 피해야 한다.

한 지역 강국이 지역 또는 글로벌 패권국에 열세하면서도 자국의 근해 인근에서 제해권을 행사하는 것은 가능한 일이다. 사실상 이는 바람직한 상황이기도 하다. 이러한 경우 해당 국가는 과도한 군사력을 투자하지 않는다. 국가자원을 절약하면서도 정치적 그리고 전략적 목표를 달성한다. 미국은 제1차 세계대전이 되어서야 "그 어느 국가에게도 뒤지지 않는 해군"의 필요성을 깨달았다. 제2차 세계대전이 되어서야 비로소 각 대양의 적보다 우월한 해군을 주둔시킬 수 있을 정도의 선박을 건조할 수 있었다. 하지만 미 해군은 약 1900년이 되어서야 미국 주변 해역을 지배할 수 있었고, 과도한 자원을 투자하지 않고도 충분한 전투역량을 배치하였다.

바다를 향한 전략적 의지

생산, 분배, 소비라는 요소를 조화롭게 융합하고 이러한 선순환 과정의 안정을 보장하기 위해 군을 배치하는 등의 모든 단계는 하나하나 세심한 관심이 필요한 과정이다. 이러한 해양력 사이클을 가능케 하고 지속적으로 순환할 수 있도록 하는데 국가적 의지는 필수적이다. 이러한 측면에서 전략적 의지란 해양전략이라는 기기를 작동시키는 발전기와도 같다. 전략적 의지는 국가의 해양 운명에 대한 목적의식과 열정을 제공함으로써 국민, 정부와 군을 한 방향으로 결집시킨다. 이 과정에서 결의(resolve)라고 하는 요소는 해양전략의 방향과 추진력을 부여하여 해양 사이클이 지속적으로 순환할 수 있도록 돕는다.

해양력에 대한 다른 해석을 참고해보는 것도 의미가 있어 잠시 소개하고자 한다. 제1차 세계대전 당시 독일 공해함대의 순양함 선장이었던 해군 제독 베게너는 해양력을 "전략적 위치", 함대 그리고 "전략적 의지"의 부산물이라고 정의한바 있다. 전략적 의지는 우리의 목표를 성취하는 데 있어 중요한 요소이다. 얼핏 보면 베게너 제독은 전략적 의지나 결의를 부차적인 지위로 설명함으로써 인간적 요소를 격하시키는 것처럼 보인다. 그는 해양력이 "함대와 전략적 위치라는 두 가지 요인에 의해 생성"되며, 이러한 "두 가지 요인들은 별개가 아닌 결합된 형태로만 해양력을 구성하고, 두 가지 요소 중 하나인 함대는 전술적 요소인 데 반해 전략적 위치는 지리적 요소로 볼 수 있다"고 설명한다.[81]

베게너의 설명 중 "전략적 위치"란 중요한 무역로 근처에 위치한 해군기지를 의미한다. 전략적으로 위치한 기지에서 군함은 해상로를 통제할 수 있어 전시에 적이 자유롭게 이동하는 것을 거부하면서도 수출과 수입의 자유로운 이동을 보장할 수 있는 이점이 있다. 해양력을 설명하는 과정에서 베게너 역시 머핸과 마찬가지로 상업은 가장 중요한 우선순위이다. 상업은 국가가 군을 전진 배치시킬 수 있는 적절한 지역을 정복하거나 기지를 사용할 수 있는 권리를 주둔 국가와 협상하는 등 모든 활동의 주된 동기이다. 이러한 과정에서 함대는 지휘관이 상업을 위해 싸우고 승리하며 궁극적으로 통제할 수 있도록 운용하는 전술적 도구 중 하나이다.

그러나 베게너 제독의 주장 중 다소 놀라운 점은 그가 지리와 함대는 서로 연결되어 있지 않다고 보는 점이다. 그는 전략이 지상과 관련이 있는 반면 전술은 해양과 관련이 있다고 보면서 "전술은 바다와 관련이 있는 반면 전략은 [상대적으로] 지상 대비 [함대의] 지리적 위치에 달려있다"라고 말한다.[82] 또한 그는 지상군의 전략은 전시 초기 시작되는 반면 "해군의 전략은 전술과 완전히 별개로 평시에 시작된다. 결과적으로 해군전략은 완전히 군사적인 문제이기보다 전평시 군인과 정치인이 공동으로 대처해야 하는 문제이다"라고 덧붙인다.[83]

해양전략은 해양뿐만 아니라 지상영역까지 포괄하는 개념이다. 또한 전평시 공히 정부와 사회에 활력을 불어넣는 역할을 수행하기에 외교관과 상급 지휘관은 끊임없이 전략적 위치를 찾기 위해 함대를 출격시키는 한편, 이러한 함대가 상업적 그리고 지리적 목표를 향해 운용될 수 있도록 지휘해야 한다. "만약 육군과 해군이 전시 합동작전으로 함께 임무를 수행하는 형제라고 한다면 해군과 외교부는 평시 해상력을 강화할 수 있는 전략을 공동으로 추진해야 하기 때문에 쌍둥이가 되어야 한다. 국제정치와 해군 간 단단한 유대관계는 해양강국이 되고자 하는 전략적 의지와도 같다."[84]

요컨대 독창성, 선견지명, 경쟁 본능과 같은 인간의 힘은 함대를 지리적 목표와 함께 묶는 역할을 한다. 베게너는 그의 해양력 공식에서 전략적 의지를 세 번째 요소로 지정할 뿐만 아니라 이를 지배적인 요인으로 간주하는 듯 보인다. 그는 19세기 독일 철학자 프리드리히 니체(Friedrich Nietzsche)가 남긴 "권력 의지(will to power)"라는 명언을 해양전략에 적용시켜 생각한다.[85]

베게너는 전략적 의지에 대해 "전 세계 강대국과 해양 강대국, 세계 정치와 해양전략은 그 목적과 효과가 '전략적 의지'라는 동일한 원천에서 나오기 때문에 하나의 통일된 실체이다. 전략적 의지는 바다를 향한 권력 의지와 다름없기에 전략적 의지가 없는 나라는 해양력에 대한 의지가 부족할 수밖에 없다"고 말했다. 전략적 의지는 "전략적 작전계획을 운용하여 전술 함대를 전략적 위치로 인도한다. 결국 **전략적 의지가 함대에 생명을 불어넣는 것이다**"(필자 강조).[86] 권력 의지가 없는 함대는 건조되었다 한들 생명이 없는 덩어리와 같다. 어떠한 전투에서도 승리할 수 없으며 국가의 전략적 위치를 향상시키는 데 아무런 역할을 하지 못한다. 전략적 의지가 없는 함대는 그저 자동력이 없는 존재일 뿐이다.

반면 머핸은 국가가 가지는 특성의 중요성에 대해 신랄하게 논평하면서 이를 해양력의 결정적인 요인으로 간주한다. 그가 제시하는 개념은 다소 고정적이다. 이러한 측면에서 베게너의 해석이 머핸의 개념보다 앞서 있다. 베게너는 국가의 특성은 그 자체로 전략적 의지를 보여준다고 본다. 이는 해양으로 향하기 위한 단순한 전제 조건 이상의 의미를 가진다. 바다를 향한 여정에 생기를 불어넣고 선원들을 계속 채찍질하는 원초적인 힘이다. 동시에 해상 무역, 상업, 군사력의 선순환이 흐트러지지 않도록 정책 및 전략가들의 전략적 의지를 지속적으로 육성하도록 하는 원동력이다.

이것이 바로 독일 제국이 부족했던 부분이다. 베게너는 독일이 수 세기에 걸친 대륙 전쟁으로 인하여 군사 문제를 바라보는 독특한 방식을 갖게 되었다고 거듭 한탄했다. 지상전을 해양전보다 중시하면서 해상무역과 해양으로의 힘을 투사하기 위한 해양에서의 전략적 위치의 중요성을 완전히 간과한 것이다. 항해를 중시하는 전통이 부족했던 독일은 결국 대영제국과 영국 해군과 같은 적대국과의 전투를 수행할 의지조차 없었다. 요컨대 독일은 공해에서 기존 해양강국과 경쟁하고자 하는 전투의지 자체가 부족했다.

따라서 국민의 열정을 불러일으키고 유지하는 것은 해양강국을 향한 국가가 치러야 할 가장 첫 번째 도전이자 핵심이다. 해양전략이 가지고 있는 사회적, 문화적 차원을 관리하는 것은 정치인과 더불어 외교적, 경제적 및 군사적 수단을 사용하는 사람들에게 최우선 과제이다. 대중에게 타고난 경쟁 본능이라는 불이 점화되고, 연료가 공급되고, 보살핌을 받지 않는 한 바다를 향한 국가적 프로젝트의 전망은 그리 밝지 못하다. 정치 및 전략 지도자들은 문화는 언제든 변화할 수 있다는 점을 명심해야 한다. 해양활동을 지지할 수 있는 국가적 담론을 형성하고 이를 바탕으로 국가의 정체성을 형성하는 것 또한 가능하다.[87] 리더십이 있는 지도자들은 국가의 운명과 동시에 가시적인 이익이라는 측면에서 해양전략을 수립하여 해양을 향한 전략적 의지를 결집시킬 수 있을 것이다. 만약 이것이 가능하다면 해당 국가는 해양전략 목표를 달성할 수 있을 것이다.

제3장

해군의 역할

제3장 해군의 역할

지금까지 해양력의 발전으로부터 순환에 이르기까지 살펴보았다. 이번 장에서는 보다 실질적으로 해군이 그들에게 위임된 작전적, 전략적 그리고 정치적 목표를 어떻게 달성하는지에 대해 살펴보고자 한다. 해군은 선박을 설계하고 관련 프로그램을 진행하며 장비를 운영하고 정비하는 것과 같은 일상적이고 친숙한 업무를 수행함으로써 그들에게 맡겨진 임무를 수행한다. 또한 해군 지도부는 해전(naval warfare)에서 항상 인적 요소에 각별한 주의를 기해야 한다. 미 공군 존 보이드(John Boyd) 대령은 후배들에게 늘 강조하던 말이 있었는데, 그것은 전쟁의 성패를 좌우하는 결정적 요인은 그 중요도에 따라 사람, 생각 그리고 하드웨어 순이라는 것이다.[1] 그리고 이렇듯 중요한 인적요소를 보다 발전시키기 위해서는 지도부가 항상 전략적, 작전적 환경에 맞는 문화를 조성하고 군 전반에 걸쳐 환경 변화의 속도에 보조를 맞추도록 관심을 가져야 한다.

르네상스 시대 피렌체 공화국의 철학자이자 정치가인 니콜로 마키아벨리(Niccolò Machiavelli)는 새로운 국가 또는 조직을 건설하는 것이 국정에 있어 가장 어려운 일이라고 특히 강조한 바 있다.[2] 변화의 시대에 맞춰 국가나 기관의 문화를 적응시킨다는 것은 새로운 국가나 조직을 건설하는 것 다음으로 중요하고도 어려운 일이다. 특히 해당 국가나 기관이 부패할 경우에는 더욱 그러하다. 이러한 과정에서 정체(stasis)는 국가와 조직 구성원을 모두 죽이는 가장 큰 원인이다. 인간이라는 존재와 인간이 구성하고 있는 제도는 변화를 좋아하지 않는다. 실은 아주 곤욕스러워한다.[3] 사실상 마키아벨리는 본디 사람들은 과거 일하던 방식을 그래도 유지하려는 경향이 있는데, 이러한 성향은 가혹한 시련이나 충격이 있지 않는 한 지속된다고 본다. 선원이 입버릇처럼 하는 말 중에 "오래된 톱은 고장 난 것이 아니라면 고치지 않는다"라는 문구가 있다. 이러한 속담은 본질적으로 마키아벨리가 전달하고 싶은 진리를 담고 있다. 즉 그간 지속해 온 오래된 방식이 현실에 전혀 맞지 않고 "고장났다(broke)"라는 것을 분명하게 증명되지 않는 한 그 방식을 바꿀 사람은 거의 없다는 것이다.

이러한 상황은 개인뿐만 아니라 조직의 경우도 마찬가지다. 기관이라는 것도 결국 이러한 철학자의 지혜가 적용되는 개인으로 구성되었기 때문이다. 기관은 보통 표준방식을 적용하여 임무를 수행하지만 세상은 이러한 일상적인 표준을 수용하기 위해서 잠자코 가만히 있지만은 않는다. 이러한 인간의 본성과 변화하는 환경 사이의 충돌은 지도자들이 표준운영절차를 수정하지 못한다면 혼란을 초래할 뿐이다. 그들이 생각과 행동의 낡은 패턴을 깨뜨리지 못할 때 파멸이 따른다. 따라서 리더는 제도적 계층 전반에 걸쳐 기업의 운명을 책임져야 하며 보다 조직을 발전시키기 위해 지속적으로 문화 혁신을 수행해야 한다.

전략적 상수

제도적 관행이 시대에 뒤쳐지지 않기 위해 지속적으로 변화하는 개념이라면 전략의 원칙은 변하지 않는다. 해양전략은 접근에 관한 개념이자 통제에 관한 것이다. 해군과 합동군은 서유럽, 동아시아 및 남아시아와 같은 중요한 주변지역에 대한 상업적, 외교적, 군사적 접근을 보장하기 위해 물리적 공간을 통제하기 위한 역량을 축적해야 한다. 특히 생산, 유통 및 소비의 경제적 지리 측면에서 이들 간의 연결고리에 대한 통제를 보장해야 한다. 이를 지도에 옮겨보면 모든 통제는 국내로부터 시작된다. 해군과 해안경비대는 상품이 선박에 적재되어 항로로 이동하게 되는 해안 경제 중심지와 항구를 보호해야 한다. 그들은 국내에서 생산된 상품의 안전한 운송을 위해 생산자와 소비자를 연결하는 해양 공공재를 규제해야 한다. 운송된 상품을 최종 소비자에게 배송하기 위해 화물이 하역되는 외국 항구에 대한 접근 또한 감독해야 한다.

모든 일련의 과정상에서 그들은 이러한 임무를 능히 수행할 수 있다는 힘과 역량을 대내외로 투사해야 한다. 국민들로 하여금 그들이 그 지역에 대한 접근을 허락하거나 보류할 수 있고 중단하거나 거부할 수 있는 능력을 갖추었다는 인식을 심어주어야 한다. 다른 국가들 역시 이러한 해양 공공재나 해외 항구에 대한 접근을 두고 경쟁할 수도 있다. 사실상 전략적 경쟁이란 근본적으로 상대편은 좌절시키면서 경쟁을 자신에게 유리한 방향으로 끌고 가려는 의지 간의 상호 경쟁이다. 그러므로 전략을 세울 때 가장 안전한 가정은 적대세력 또한 자신과 동등하거나 자신의 능력을 능가하는 독창성과 열정을 가지고 있다고 생각하는 것이다. 해양전략가들과 의지의 경쟁을 벌이는 상대는 잠자코 가만히 있는 것이 아니다. 이러한 상황은 홀로 샌드백을 두드리는 권투 선수의 모습이라기보다 경기 간 두 명의 선수가 전략적 이점을 차지하기 위해 끊임없이 애쓰는 모습에 더 가깝다.[4]

정치가이자 학자인 헨리 키신저(Henry Kissinger)가 제시한 개념은 이러한 무질서한 환경하에서 실무자들이 생각을 가다듬는데 도움이 된다. 키신저는 원래 핵을 보유한 국가가 다른 핵보유국을 억제하는 방법을 설명하고자 하였다. 그러나 그의 개념은 그뿐만 아니라 적에 대한 재래식 억제(deterrence)와 강제(coercion), 동맹과 우호국에 대해서는 재보증(reassurance)을 하는 데 동일하게 적용이 가능하다. 억제는 한 국가가 다른 국가가 하기를 원치 않는 일을 하지 않도록 설득하는 과정이다. 만약 적대국이 반항한다면 핵무기 사용과 같은 과감한 일을 하겠다고 위협한다. 또 만약 적대적인 세력이 금지된 일을 하고자 한다면 불가피하게 핵무기 사용과 같은 과감한 행동을 할 수밖에 없을 것이라는 확신을 심어주려고 할 것이다. 만약 우리가 상대방으로 하여금 우리를 믿게 만들고 우리가 위협하는 행동이 그들이 감당하기 힘든 형벌을 부과하거나 대가를 치르게 하는 것이라면 그들은 억제의 논리로 단념할 것이다.

키신저는 신뢰 구축 프로세스를 다음과 같은 간단한 공식으로 설명한다. 그는 "억제"란 "힘, 힘을 사용하겠다는 의지 그리고 잠재적 경쟁자에 의한 평가의 결합"이라고 정의하였다. 이에 더해 그는 "억제란 이러한 요인들의 결합의 산물이지 단순한 더하기의 개념이 아니다"라는 중요한 말을 덧붙였다. 만약 이러한 요인들 중 하나라도 0이면 억제는 실패하는 것이다.[5] 이는 아주 기초적인 수학과도 같다. 하나의 변수 또는 여러 개의 변수를 아주 작은 분수와 곱하면 그 곱셈의 결과는 매우 작은 수가 나올 것이다. 아주 큰 수에 0을 곱하면 그 결과는 0이 된다. 즉 모든 물리적 세상에서 힘이라는 요소는 그 힘을 가지고 있는 소유자가 그것을 사용할 의지가 없다면 결국 아무런 의미가 없는 것이다. 또한 같은 맥락에서 아무리 압도적인 힘과 불굴의 의지를 가지고 있다 하더라도 상대방이 이를 신뢰하지 못한다면 억제의 의미가 없는 것이다.

능력, 결의, 신념의 기본적인 공식은 핵 억제뿐만 아니라 재래식 억제에도 적용된다. 특히 장거리 정밀 무기를 사용하는 시대에 재래식 무기를 사용하여 적을 물리치거나 견딜 수 없는 희생을 치르도록 강요하는 것이 가능하다. 더욱이 키신저의 공식은 억제뿐만 아니라 강제에도 적용된다. 강압에는 상대방이 하기를 거부할 일을 하도록 위협하는 것 또한 포함된다(억제의 목표인 적대자가 하고자 하는 일을 하지 않도록 설득하는 것과는 대조적이다).

그의 이러한 개념은 재보증이라는 개념에도 적용된다. 이는 압도적인 적을 쓰러뜨리거나 해양 공공재의 광활한 지역을 통제할 때 또는 다른 국가들과 힘을 합치려고 할 때 의미가 있다. 다른 국가들이 우리의 능력과 의지를 신뢰할 때 동맹이나 연합 파트너를 찾는 것이 보다 수월하다. 설득력 있는 방식으로 힘과 결의를 전달하는 것이 어떠한 이유에서든 참여를 꺼리는 일부 국가의 경우라도 정치적으로 안전하다. 그들이 흔들리는 파트너에 의해 내팽개치는 상황에 대해 걱정할 필요가 없기 때문이다. 성공할 수 있는 정당한 희망을 가지고 가치 있는 일에 참여할 수 있는 것이다. 요컨대 키신저의 공식은 일상적인 동맹 외교에서 첨예한 전쟁에 이르기까지 해군이 수행할 수 있는 임무에 대해 생각할 수 있는 방법을 제시하고 있다.

호주의 해양학자 켄 부스(Ken Booth)는 이를 보다 실질적인 수준까지 끌어내려 설명한다. 해군이 매일 단위로 하는 일을 보여주는 일종의 틀을 제공하여 해군이라는 직업에 대해 진지하게 고민해 볼 수 있는 기회를 제공하는 것이다. 그는 해양국가란 바다라는 매개체를 통해 상품과 사람을 이동시키고 천연 자원을 채취하며 외교적 또는 군사적 목적을 위해 권력을 투사한다고 본다. 동시에 외교, 경찰 및 군사적 역할을 수행하기 위해 해군을 건설한다고 덧붙였다.[6] 이번 장에서는 부스 교수가 제시한 세 가지 기능에 대해 차례대로 검토하고자 한다. 평시와 전시 사이의 "회색지대"에 위치한 "해결하기 어려운 문제들"을 검토함과 동시에 경찰과 군사 기능에 대해 살펴본다.

외교적 역할

해군 외교는 부스가 제시한 세 가지 기능 중 첫 번째 기능이며, 이는 다양한 방식으로 정치적, 전략적 목표에 기여할 수 있다. 미국과 같은 세계 해양강국이 평시에 추진하는 전략을 클라우제비츠는 "소극적 목표"의 전략이라고 명명했다. 소극적 목표란 바로 현상 유지(status quo)를 의미한다.[7] 이러한 전략을 실행하는 국가는 다른 국가에게서 무엇인가를 빼앗으려 하지 않는다. 단지 다른 국가들이 무언가를 빼앗거나 현상 유지를 약화시키는 것을 막고자 할 뿐이다. 즉 글로벌 공급망과 같은 기존 질서가 훼손되거나 단절되지 않도록 그 질서를 유지하고자 한다.

해군 외교는 평시에 이와 같은 소극적인 목표를 추구하고자 한다. 미군은 일반적으로 국력의 수단을 외교, 정보, 군사 및 경제 순으로 (줄여서 DIME로 표기) 나열한다. 이는 네 가지 수단이 모두 동등한 가치를 지닌다는 뜻이다. 그러나 필자는 이러한 의견에 반대의 입장이다. 외교는 다른 수단보다 우위에 있으며 전략적, 정치적 이익을 위해 사용된다. 외교는 결국 협상의 영역이다. 외국 지도자와 협상할 때 자국의 지도자에게 힘을 실어주지 않는다면 국력의 도구가 무슨 소용이 있겠는가?

따라서 군 및 해군 조직은 상대적인 힘과 결의를 보여주기 위해 존재한다. 전시의 경우 서로 타격을 주고받는다. 전투와 교전을 무기로 무장한 대화 간의 진술과 응답으로 생각해보자. 평시에 사격을 퍼붓지는 않지만 전쟁이 일어난다면 승리할 수 있는 강하고 유능한 군대의 이미지를 투사하려고 노력한다. 그들은 압도적인 인상을 주려고 노력한다. 만약 정치 지도자가 우호적이지만 솔직한 태도를 견지하면서 압도적인 군사력을 과시한다면 이는 잠재적인 적을 단념시키면서도 대의를 위해 협력하고자 하는 동맹 및 잠재적 동맹을 격려할 수 있는 가능성이 높아진다. 이것이 전형적인 키신저식 국정(statecraft) 방식이다.

전투역량이 전면전에서 중요한 만큼 일상적인 외교 역시 뒷받침하는 중요한 역할을 수행한다. "말은 부드럽게 하되 몽둥이는 큰 걸 들고 다녀라(speak softly and carry a big stick)"라는 시어도어 루스벨트(Theodore Roosevelt) 대통령의 말은 이러한 의미를 잘 보여준다. 그는 재치와 솔직함을 바탕으로 행동하되 만약 평화적 외교가 여의치 않을 경우 스스로 문제를 해결할 수 있는 힘이 있음을 보여줄 필요가 있다고 강조했다. 이러한 측면에서 루스벨트 대통령은 해군 전투함대(1907–1909), 즉 백색함대(The Great White Fleet)의 세계일주를 "본인이 전 세계 평화를 위해 지시했던 임무들 가운데 가장 중요한 역할"을 수행했다고 강조했다.[8] 대백색함대는 남미 대륙을 크게 돌아 시드니와 요코하마와 같은 태평양 기항지로 향했다. 루스벨트 대통령은 극동지역 내 미국의 해군력을 과시함으로써 일본이 1905년 러시아 발트 함대를 제압한 것과 같이 미국을 대상으로 위협을 가할 수 있을 것이라는 일본 지도부의 생각을 완전히 깨뜨릴 수 있을 것이라 생각했다. 당시 러시아는 일본 해군에 비해 많은 함대를 보유하면서도 각 지역에 흩어져 있어 휴식, 충분한 보급 또는 정비 없는 장기간의 항해로 매우 지쳐 있던 상태였고 일본은 이러한 기회를 놓치지 않았다. 그는 미국의 힘과 결의를 일본에게 보여줌으로써 침공을 억제할 수 있다고 믿었다.

1944년 조지 S. 패튼(George s. Patton) 장군은 미 제3군 장병들을 대상으로 "미국인들은 승자를 좋아하지만 패자를 용납하지 않는다"는 유명한 연설을 남겼다. 이는 루스벨트 대통령이 보여주고자 했던 군사력을 기반으로 한 외교의 자명한 이치(truism)를 잘 보여주는 문구이다.

즉 사람들은 두 나라의 군대가 맞붙었을 때 전투에서 승리할 것으로 보이는 국가에 자신들의 운명을 건다. 패자의 편을 드는 사람은 거의 없다는 것이다. 이는 인간의 본성에 어긋나는 행동이다. 설상가상으로 전쟁에서 패배하는 명분에 얽매이는 것은 패배의 쓰라린 열매 또한 함께 나누어야 한다는 뜻이다. 강력한 군사력을 효과적으로 활용하여 사람들로 하여금 승리를 할 수 있는 확신을 주는 정치적 전략적 지도자야말로 평시 전략적 경쟁에서 승리를 거머쥘 수 있다.

전략가들은 전쟁에서 싸우지 않고 승리하는 방법을 두고 오랫동안 씨름해 왔다. 중국 춘추시대 전략가 손무는 무혈을 통해 승리하는 것을 "기술의 절정(acme of skill)"이라고 말한다.[9] 프로이센의 군인이자 학자인 클라우제비츠 역시 이에 동의하면서 승리하기 위해 반드시 전장에서 이길 필요가 없다는 점을 지적한다. 적을 최초부터 단념시키거나 정치적 또는 사회적으로 기꺼이 더 큰 대가를 치름으로써 그들이 전쟁에서 도저히 이길 수 없다고 믿게 해 승리를 거둘 수도 있다.[10] 승리의 가능성이 희박할 때 전투에 임하는 사람은 거의 없다. 또는 승리를 할 수는 있지만 그 비용과 위험이 목표에 비해 너무나 크다면 전투를 포기하기도 한다.

이는 전략가 루트왁이 해양에서의 "설득(suasion)"이라고 표현한 방식이다. 설득은 키신저식 표현이다. 즉 설득하는 사람이 원하는 바를 상대방이 취하도록 설득하는 방안 또는 바람직하지 않다고 여겨지는 일을 하지 않도록 하는 것을 의미한다. 냉전 후기 루트왁은 **해양력의 정치적 사용(The Political Uses of Sea Power)**이라는 제목의 짧은 논문을 썼는데, 이는 해군 외교를 공부하는 학생 또는 실무자들이 반드시 읽어야 할 필독서이다. 키신저는 적대국, 동맹 및 제3국 간 인식 형성의 중요성을 강조한다. 루트왁은 "군사력을 기반으로 한 설득(armed suasion)"이라는 개념을 통해 전함, 즉 해군을 이용하여 이러한 인식을 형성할 수 있는 방법에 대해 설명한다. "'군사력을 기반으로 한 설득'이란 군사력과 관련한 수단의 존재, 과시 또는 상징적 운용 등에 대한 동맹, 적대국 및 중립국을 포함한 모든 당사자에 의해 표출되는 정치적 또는 전술적 효과를 의미한다. 이는 당사국의 고의적 의도가 반영 여부와는 관계가 없다. '해군에 의한 설득(naval suasion)'의 경우 해양을 기반으로 하거나 해군과 관련된 경우 유발되는 효과를 의미한다."[11] 이러한 정의는 함축된 바가 많다. 루트왁은 구체적인 예를 들어 설명하고 있는데, 첫째, 해군 배치는 적대국을 억제 또는 강요하거나 동맹 및 우호국을 지원하기 위해 명시적으로 조정될 수 있다. 그는 "적에게 피해를 가할 수 있는 군사력과 관련된 어떠한 수단" 또는 "행동의 자유를 물리적으로 제한"하는 것은 실제로 군사력이 운용되지 않을지라도 상대방 및 이해관계에 있는 제3국의 행위에 영향을 미칠 수 있다고 강조한다.[12] 국가는 목표로 하는 대상으로부터 원하는 반응을 이끌어내기 위한 의도에 맞춰 해군 역량을 배치한다.

둘째, 해군 배치는 "잠재적 설득(latent suasion)" 효과를 가져올 수 있다. 전함의 존재 그 자체만으로도 특정 정책, 억제 위협 및 공약에 따른 작전 수행 여부와 상관없이 영향력을 행사한다. 루트왁은 냉전 시 많은 학자들이 일반적으로 "평시 주둔" 임무와 전투준비태세를 구분지었고 현재까지도 그렇다고 지적한다. 그에게 있어 이러한 구분은 잘못된 선택이다. 가시적인 전투역량이 없는 단순한 존재는 그 가치가 없기 때문이다. 이에 루트왁은 설득의 효과를 달성하기 위해서는 배치된 함선, 전투기 및 무기가 반드시 "잠재적인 위협 또는 잠재적인 지원"이 가능한 것으로 인식되어야 한다고 강조한다.[13] 이러한 역량은 앞서 설명한 키신저의 공식을 보다 명확하게 해준다.

만약 목표 국가가 해군의 활동을 실제 위협 또는 공약으로 인식한다면, "이러한 활동은 관련 군사력이 도달할 수 있는 범위 내에 있다고 생각하는 국가들의 행동에 영향을 미친다." 해군의 존재만으로 독립된 기능이라고 말하는 것은 명백한 오류다. 대신 현장에 전투준비태세를 갖춘 함대가 존재한다는 것은 "적이 자유롭게 행동하는 것은 방해할 수 있다. 왜냐하면 이러한 역량을 활용하겠다는 의도는 즉각적이고 조용하게 형성될 수 있는 반면 전투역량은 언제든 활성화될 수 있기 때문"이다.[14] 상급부대로부터 전달된 명령으로 인해 함선은 평시 임무를 수행하다가도 언제든 즉시 전투태세로 전환할 수 있다. 주변국들도 이러한 사실을 잘 인식하고 있다. 전함은 의도와 결의를 나타내며 평시 군사력을 보다 많이 과시하면 과시할수록 상대방이 인식하는 전망은 더욱 어둡고 길 것이다.

따라서 루트왁은 '평시 주둔'과 '전시' 전투역량 간 이분법적 사고는 오해의 소지가 있음을 발견했다. 왜냐하면 '주둔' 자체는 전시 전환의 가능성이 전혀 없다면 중요한 영향을 미치지 못하기 때문이다.[15] 해군이 조치를 취하지 않거나 조치를 취할 수 없다는 것을 알고 있다면 상대방은 위협이나 공약을 진지하게 받아들일 이유가 없다. 키신저의 말을 빌리자면 그러한 상황에서 억제(deterrence), 강제(coercion) 또는 재보증(reassurance)은 0에 수렴한다. 전투 능력이 부재하다면 그의 말에 무게감이 실릴 수 없다.

셋째, 함대의 이동은 의도하지 않은 결과를 초래할 수 있다. 루트왁은 "설득이란 결국 다른 사람의 인식이라는 필터를 통해서만 작동할 수 있기 때문에 설득의 결과는 본질적으로 예측할 수 없다. 위협을 가할 의도가 아닌 일상적인 함대이동이라도 상대방에게는 위협으로 보일 수 있다(군 자체에 위협이라는 요소가 잠재되어 있기 때문에). 반면 의도적이지만 암묵적인 위협은 무시되거나 반대의 반응을 유발할 수 있다"(원문 강조).[16] 전략 경쟁은 불완전한 경쟁자들이 서로의 이익을 위한 투쟁을 하게 만든다. 그러한 상황에서 오해, 속임수 또는 아집 등이 두드러지게 나타난다. 함대사령관 또는 정부는 의도하지 않았음에도 불구하고 그러한 모습을 나타낼 수도 있고 의도와 다른 결과를 초래할 수도 있다.

그렇다면 인식은 어떻게 관리할 수 있는가? 노력한 외교를 통해 선박의 이동을 사전에 알릴 수 있다. 루트왁은 "높은 수준의 정치적 지도를 중단없이 지속하는 것은 해외 해군 배치에 있어 중요한 전제조건이다. 현대 함대는 방향탐지를 위한 다양한 수단만큼이나 정치적 '레이더'가 필요하다"고 결론 내렸다. 해군작전사령부 내 "함대에서 방출되는 정치적 '방사선(radiation)'을 모니터링하고 조정할 수 있는" 정치자문을 배치해야 한다. 이러한 전문가는 "전술적인 활동 및 그 기저의 근본적인 정치적 의도에 대해서 상대국이 심각하게 왜곡하여 인식"한다면 이러한 부분들에 대해서도 바로잡는 임무를 수행한다.[17] 외부로 보도되는 메시지를 가다듬어 의도한 바 대로 상대방이 해석할 수 있는 가능성을 높이는 업무 또한 이러한 전문가가 해야 할 일이다.

넷째, 해군 배치를 정치적, 전략적 맥락상 두는 것은 중요하다. 단일 함선이나 소함대를 파견하는 것조차 상대방이 이러한 함선 뒤에 있는 전체 해군이 자리잡고 있다는 것을 알고 있는 한 정치적 영향력을 갖는다. 이를 가리켜 "포함외교(gunboat diplomacy)"라고 한다.[18] 소규모라 할지라도 이는 결국 해군 전체를 대리하는 역할이다. 그 누구도 경무장한 초계함, 호위함 또는 연안전투함 한 척만으로 압도할 수 있을 것이라 기대하지 않는다. 리처드 맥케나(Richard McKenna)의 소설 **산 파블로(*The Sand Pebbles*)**에서 나오는 산 파블로 호(USS San Pablo)는 실제로 외교 임무를 수행하는 포함(gunboat)의 모습을 잘 보여준다.[19] 사실상 미 해군은 미국－스페인 전쟁 끝에 전리품으로써 낡은 함선들 중 일부를 스페인으로부터 입수했다. 이러한 함선들은 1941년까지 양쯔강을 순항하였는데 전투력 측면에서는 그리 깊은 인상을 남기지는 못했다.[20] 그럼에도 중국인들은 이러한 함선들을 미국의 해군력, 즉 미 해군의 종합적인 힘의 상징으로 받아들였다.

이러한 간접적인 힘의 과시는 이를 지켜보는 관찰자의 입장에서 압도적일 수 있다. 만약 그들이 완강히 저항하는 경우 압도적으로 군사력을 모을 수 있다는 점을 확신하는 경우 특히 그렇다. 그리고 실제로 일어날 수 있다고 확신을 주는 것이 해군 무관의 역할이다. 따라서 소규모 부대는 여타의 전쟁 수단만큼이나 정치적 공약의 상징이나 표시와도 같다.[21] 만약 필요하다면 함대의 강력한 공격수가 현장에 도착할 것이라는 두려움이나 확신을 심어주는 것이다. 이렇듯 준비된 군사력은 무해한 선박임에도 불구하고 상대방의 입장에서 위협이 될 수 있으므로 적을 억제하거나 강요하는 동시에 동맹과 우호국을 지원할 수 있다.

다섯째, 목표 국가들은 해군 전투력을 평가하는데 익숙하지 않을 수는 있지만 그들의 인식은 모두 동일하게 간주된다. 왜곡된 평가는 평시 함대 간 경쟁에서 발생할 수 있는데, 조금 더 깊이 생각해보면 이것이 진정한 의미에서 인식 간의 전투라고 볼 수 있다. 루트왁은 그러한 인식이 군사적으로 타당한지 여부와 상관없이 전시에 승리할 것이라고 생각되는 군이 평시에도 승리를 거둔다고 주장한다. 패튼 장군의 승자는 좋아하고 패자는 용납하지 못한다는 논리가 여기에도 적용된다. 객관적으로 약한 경쟁자라도 주관적인 인식 전투에서 승리한다면 실제로 "승리"할 수도 있는 것이다.

이러한 현상 중 일부는 첨단 기술이 현대 전쟁에서 수행하는 역할에서 기인한다. 루트왁은 무기체계가 실제 전투에서 사용되기 전까지는 "검은 상자(black box)"와 같이 그 영향력을 알 수 없다고 언급했다. 결국 전쟁이 일어난 후에야 그 결과를 알 수 있을 것이다.[22] 해군의 작전 수행 간 소프트웨어 프로그램, 빅데이터 및 사이버 전쟁은 그 어느 때보다 중요한 의미를 갖는 반면 실제 능력을 알기는 어렵다. 관련분야의 전문가조차도 잠재적인 적이 이러한 기술을 바탕으로 발휘할 수 있는 전투력을 예측하기 어렵다.

그러나 부분적으로 잘못된 인식은 함선, 항공기 또는 무기체계의 형태나 외관에서 비롯될 수 있다. 특정 무기체계의 경우 군에 기여할 수 있는 전투력에 비해 다소 무시무시하게 보일 수 있다. 루트왁은 소련 해군을 예로 들었는데 그가 집필하던 당시 소련은 1970년대까지 함대를 배치하였다. 서구 해군에 비해 기술적으로 낙후되었지만 외관으로 보면 매우 강력해 보였다. 소련의 함선은 그 규모가 크고 각종 센서 및 무기체계를 장착하고 있었다. 함선들은 발사기가 있는 상갑판 기준으로 대함미사일을 적재하고 감히 그들에게 다가오는 적들을 무너뜨릴 준비가 된 것처럼 보였다. 그 함선들은 마치 거친 "남성미"를 발산하는 것처럼 보였다.[23]

반면 1980년대 미 해군은 수직발사장치 내 미사일을 배치했다. 사실상 사일로(silo)는 순양함이나 구축함의 주갑판 내에 내장되어 있었다. 수직발사장치는 그 정체를 알 수 없었고 마치 갑판과 같은 높이의 패널처럼 보였다. 수직발사장치는 무기체계상 엄청난 기술적 성과였지만 실제로 눈에 보이지 않아 시각적인 영향력은 그리 크지 않았다. 따라서 실제 전투력은 허구에 불과했지만 인식의 측면에서 소련에게 유리한 결과를 가져왔다.

선원과 정치 지도자들은 해군 외교의 이러한 측면에 익숙해져야만 한다. 해군외교는 단순히 외국 항구에 입항하여 자유롭게 다니거나 현지 지도자들과 만나는 것 이상의 의미를 담고 있다. 이는 하나의 정치적 과정과도 같다. 그리고 정치란 본디 인식과 오해, 기회와 불확실성 그리고 예상한 결과도 예상치 못한 결과들로 가득 차 있는 개념이다. 해양전략은 접근의 기술이자 과학이다. 해군력을 기반한 외교적 접근은 협력국가들로 하여금 자유로운 접근을 허용하도록 유도하는 한편 만약 이것을 제한하거나 금지하려는 국가가 있다면 이를 좌절시킨다. 항해를 하는 사람들은 항해술, 전술 및 기술적 역량과 함께 외교적 기량 또한 연마해야 한다. 키신저, 루트왁, 심지어 패튼 장군까지도 이러한 문제를 해결하는 데 도움을 줄 수 있을 것이다.

치안 역할

부스는 해군의 역할 중 두 번째로 치안을 제시하였다. 경찰의 순찰차량 측면에 새겨진 "보호하고 봉사할 것(protect and serve)"이라는 슬로건은 경찰이 가지는 의무의 본질을 잘 보여준다. 보호한다는 것은 법을 어긴 사람들로부터 공공의 안전과 질서를 유지하는 것을 의미한다. 법과 질서를 수호함으로써 시민들은 일상의 삶을 영위하고 부를 창출하여 가족과 사회를 부양하며 경찰 기능을 포함한 정부가 운영될 수 있도록 세금을 납부한다. 봉사한다는 것은 공공 복지를 향상시키는 것을 의미한다. 경찰의 업무는 국민의 건강, 복지 및 도덕성을 증진하는 것이다. 보호와 복무는 국내 헌법에 내재된 "경찰권(police power)"이 가지고 있는 두 가지 측면을 잘 보여준다.[24]

이러한 면은 흡사 해양전략과 유사하다. 그 누구도 전체 국제체제에 대해 주권을 행사할 수 없다. 국제적으로 적법한 무력 사용에 대한 독점권과 함께 경찰력을 행사할 수 있는 권한을 소유한 국가는 없다. 따라서 개별 국가, 해군, 해안경비대, 관련 군이 함께 협력하여 이러한 역할을 대신 수행한다. 해군과 해안경비대는 틸 교수가 강조한 "올바른 해양 질서(good order at sea)"를 유지하기 위한 노력과 함께 상업 및 군사적 목적을 위해 해양 공공재를 사용할 수 있는 자유를 보장한다.[25]

해상무역사슬에서 운송이라는 연결고리를 보호한다는 것은 해적, 테러리즘 및 무기 밀매와 같은 비국가적 재앙에 맞서 싸우는 것을 의미한다. 이는 바다에서의 자유(freedom of the sea), 즉 항해 국가가 경제적 안녕을 위해 의존하는 무역과 상업의 자유주의 체계를 하나로 묶는 힘의 원천을 강화하는 것과 같다. 미 국방부가 오바마 행정부 말기 발표한 2015 아시아태평양 해양안보전략(Asia-Pacific Maritime Security Strategy)을 통해 해양과 관련하여 최우선순위로 바다의 자유를 제시하였는데 이는 결코 놀라운 일이 아니다. 전략서 첫 페이지부터 이를 강조하고 있기 때문이다. 항로를 통과하는 무역품을 보호하는 것은 해양세계를 지향하는 국가들 간에 강력한 공동 이익을 구성한다. 전략서상에는 미군은 위기나 재난이 발생할 경우에 대비하여 해안지역에 대한 접근이 필요성을 명시하고 있다.[26] 해군은 이러한 사활적 이익(vital interest)을 유지하는 데 기여한다.

해상에서 법을 집행하는 것은 특수한 경우이다. 해군, 해안경비대 및 기타 해양 관련 임무를 위임받은 기타 정부기관은 물론 여러 국가의 해군 및 기관들과 공동으로 대응해야 한다. 국적과 성격이 서로 다른 기관 간의 협업은 문화적으로 충돌할 수 있다. 베트남에서 민군 평화 활동을 주도했던 로버트 코머(Robert Komer) 대사는 관료제 조직들이 조직의 주요 기능으로부터 파생되는 일상적인 업무의 이른바 "레퍼토리(repertoire)"를 반복한다고 언급한 적이 있다. 기관들은 정확히 같은 방식으로 이러한 작업을 기계처럼 반복해서 수행한다.[27]

관료주의적 레퍼토리는 다른 기관과는 이질적인 그 조직만의 세계관과 문화를 낳는다. 때때로 이것은 같은 국가의 해군과 해안경비대와 같이 겉보기에 유사한 기관들 간에도 협력하기 어렵게 만든다. 결국 해군은 적을 물리치는 데 주목적이 있는 반면, 해안경비대의 존재 목적은 법 집행과 인명 구조에 있기 때문이다. 조직의 세계관 사이에 틈이 생길 수밖에 없다. 치안 임무에 대해 공통된 견해를 형성하고 나아가 함께 협력을 강화하는 것은 아무리 낙관적인 상황이라 할지라도 어려울 수 있다.

다국적 협력은 해상에서 법을 집행하는 과정에 있어 또 다른 차원의 도전이다. 해양에서 위협이 발생할 경우 해경 및 해양 관련 기관 간 합동 치안 작전을 수행하는 "글로벌 해양 파트너십(global maritime partnership)"은 자동적으로 형성되는 게 아니다. 그러한 작전을 수행하는 과정에서 발생할 수많은 장애물을 생각해보라. 지역 또는 글로벌 작전을 하기 열망하는 해양 강대국을 제외하면 연안 국가들은 먼 바다에서 일어나는 일보다 주변에서 발생하는 일을 보다 심각하게 받아들이는 경향이 있다. 그런 국가들의 경우 자국에서 멀리 떨어진 지역에서 형식적인 활동 이상의 노력을 기하는 것에 대해 당혹스러워 할 수 있다. 이는 경제 발전이 국가의 최우선 과제인 개발 도상국의 경우 더욱 그렇다. 그 결과 정치 지도자들이 다른 지역에서 발생한 문제를 해결하기 위해 자국의 부족한 자원을 할당하도록 국민을 설득하는 것은 어렵다. 해양에서의 법 집행의 문제점과 이익이라는 측면을 보면 법 집행의 경우 국민이 알기 어려운 반면 선박 및 자원 등을 파견하는 데 드는 비용은 국민들의 눈에 금방 띈다. 대다수의 국민은 낭비라고 생각하여 주저할 수 있는 것이다.

가까운 동맹이나 협력하는 국가들 사이에도 문제는 발생한다. 동맹국들 간에는 일반적으로 "방기(abandonment)"와 "연루(entrapment)"에 대한 우려가 존재한다.[28] 방기란 동맹국의 모험에 전념하다가 동맹국이 이익이나 목적으로 인해 관심을 다른 곳으로 돌리기 때문에 동맹국이 노력을 낮추거나 약정에서 철수할 때 혼자 남겨지는 것에 대한 두려움을 말한다. 역사상 가장 가까운 동맹이라고 평가받는 미일 동맹이라고 그러한 불안에 시달리지 않는 것은 아니다. 일본은 미국이 부상하는 중국에 맞서 두 나라를 하나로 묶는 안전보장조약에서 탈퇴할 것을 우려했다. 일본은 미국과 함께라면 중국과의 경쟁에서도 거의 동등한 조건에서 경쟁할 수 있다. 그러나 일본이 중국과 일대일로 경쟁한다면 비참하게 압도될 가능성이 농후하며, 이후 베이징의 어떠한 요구에도 복종해야 할 수도 있다. 예를 들어, 일본 지도자들은 센카쿠에 대해 미국이 방기할 가능성에 대해 초조해했다. 워싱턴이 미일 안보조약을 남서쪽 무인도에도 적용된다고 보는지 여부는 불분명했다. 끝내 오바마 행정부가 센카쿠 열도 방어를 지원하겠다고 공약한 이후에야 일본은 안심할 수 있었다.

연루는 반대의 두려움이다. 동맹관계에 있는 한 국가가 상대방 국가에게 너무 의지한 나머지 자칫 자국의 이익, 목적 또는 이상에 반하는 상대 국가의 모험주의에 끌려갈 가능성을 우려한다. 이러지도 저러지도 못하는 난관에 봉착하는 것이다. 미일동맹을 다시 예로 들어 미국은 중국이 공격한다면 대만을 방어할 것이라고 공약했다. 일본은 조약상 대만을 방어할 어떠한 의무도 없으나, 일본의 지도부는 미국과의 동맹을 유지하기 위해 미군을 지원해야 할 필요성을 느낄 수도 있다. 일본은 만약 이러한 전쟁이 발발한다면 결과에 관계없이 중국의 반발을 직면하게 될 것임을 잘 인지하고 있다. 이러한 전망은 일본이 대만 문제에 있어 미군을 지원하는 것을 억제하는 요인으로 작용한다. 그러나 일본은 미국과의 상호관계를 고려하여 지원을 강행할 수 있다. 즉 일본은 굳건한 미일동맹을 유지하기 위해 전쟁에 참여할 것이며, 이로 인해 일본의 이익을 위협할 수 있는 미래 위기상황에서 미국의 지원을 확신할 수 있을 것이다.

따라서 방기와 연루에 대한 우려는 모든 유형의 다국적 활동에 영향을 미친다. 경쟁적 압박 역시 치안활동을 의한 협력 관계에 부정적 영향을 주거나 전반적으로 혼란을 주기도 한다. 예를 들어, 황해나 동중국해를 감시하기 위해 미국-일본-중국 협정을 맺자는 제안은 의심스럽지 않을 수 없다. 협력 대상은 이러한 제안을 제시하는 다른 상대국의 의도와 행동에 대해 불신을 가질 수밖에 없을 것이다.

또는 남중국해를 생각해보자. 남중국해는 미군이 오랜 기간 장비를 갖추고 훈련해 온 지역이자 동남아시아 국가들과 함께 표면적으로는 치안 임무를 위한 연합훈련을 진행한 곳이기도 하다. 중국은 미국의 이러한 활동의 이면에는 치안 임무를 가장하여 지역 내 연합군을 결정하고 궁극적으로 남중국해에서 중국을 봉쇄하기 위한 목적이 있을 것이라고 의심한다. 이러한 측면에서 루트왁은 해상임무의 명령 하달과 동시에 치안임무에서 전투임무로 즉시 전환될 수 있다고 덧붙였다. 미국과 지역 내 국가들 간의 훈련과 군사력 배치는 중국이 자국의 내해라고 생각하는 남중국해 지역 내 정치적 그리고 전략적 목표를 추구하는 데 방해요인으로 작용할 수 있다. 따라서 중국이 미국의 이러한 활동을 경계하지 않을 수 없다.

동시에 임무를 수행하는 데 기능적인 장애 또한 고려할 부분이다. 정치적으로 어느 정도 순조롭게 합의를 이루었다 하더라도 협력하는 국가의 해군과 해안경비대의 일하는 방식, 규모 및 조직구성은 물론 정부로부터 위임받은 권한에도 차이가 난다. 이러한 능력의 격차로 인하여 글로벌 해양 파트너십을 조율하려는 노력은 더욱 복잡해진다.

"상호운용성(interoperability)"이란 군대 내 또는 서로 다른 군대 간의 하드웨어와 운영 방법 간의 호환성을 의미한다. 대외군사판매(Foreign Military Sales)와 다국적 훈련은 이러한 문제를 어느 정도 완화하는 데 도움이 되지만, 이를 관리하는 것은 여전히 큰 도전이다. 미국이 생각하는 치안임무는 이보다 더 큰 장애물에 직면한다. 마키아벨리가 주장하듯이 새로운 기관이나 조직을 만드는 것은 정치적으로 가장 어려운 일에 속한다. 부시와 오바마 행정부 시기 미국은 해양안보를 위해 다국적 활동을 추진하기 위해 전례 없는 노력에 착수했다. 미국은 해양공공재를 관장할 수 있는 동맹, 연합 또는 연합 및 협력의 유지하기를 희망했다. 두 행정부는 21세기 해양력을 위한 협력전(*A Cooperative Strategy for 21st Century Seapower*), 2007,

2015라는 제목의 전략 문서를 발행했으며, 불법 해상활동을 근절하기 위해 함께 힘을 합칠 것을 호소했다.

이러한 이니셔티브의 논리는 분명 의미가 있음에도 불구하고 동시에 세계사적 범위의 노력이 요구된다. 워싱턴은 이러한 과정에서 마주할 외교 및 운영상의 도전을 과소평가해서는 안 된다. 생각해보라. 지난 반세기 동안 또는 그 전후에 단일 해양 패권국 – 스페인, 포르투갈, 네덜란드, 영국 그리고 현재는 미국 – 이 해양 공공재를 지켜왔다. 이러한 경우 국가 자원을 부과하더라도 업무 자체는 간단할 수 있다. 결국 각 개별 정부와 해군은 상대적으로 명확한 목적을 가지고 행동할 수 있다.

그러나 미 해군 지도부는 협력 전략 지침을 통해 다국적 연합을 창설하고 이끌어 갈 것임을 발표하면서 동시에 치안 활동에 사용할 수 있는 자원은 적다고 덧붙였다. 동맹관계라 할지라도 보다 더 많은 인력과 하드웨어를 보유한 동맹국이 상대 동맹국에 비해 더 큰 목소리를 낼 수 있는 것은 자명한 일이다. 미국이 실제로 치안임무에 보다 신경을 쓸 수 없는 상황이라면 과거와 같이 해양 의제 설정이 쉽지만은 않을 것이다.[29] 요컨대 미국은 상대적으로 약한 위치에서 전례 없는 유일무이하고 야심 찬 일을 시도하는 것이라 볼 수 있다.

어떠한 일이든 노력을 기하는 것만큼 중요한 일은 없다. 안전한 항로를 수호하고 해양 생태계의 파괴를 방지하는 것은 국가이익만을 바탕으로 봤을 때 시급한 과제이다. 무역을 하는 모든 국가는 안전한 글로벌 공급망과 해양법에 관한 유엔협약 체계 내에서 해양자원을 개발함으로써 이익을 얻는다. 따라서 이해관계자들을 설득하여 해양안보를 지키기 위한 부담을 분담하고자 노력하는 것은 나름 가치 있는 일이다. 그러나 직접적인 결과를 약속하지 않는 것 또한 가치 있는 일이다. 예를 들어, 해군은 자연 재해가 발생할 경우 피해복구 지원과 함께 심리적 위안을 제공한다. 정부가 인도적 지원을 하는 배경에는 그것이 옳은 일이기 때문이기도 하지만, 다른 측면에서 보면 이러한 활동이 다른 국가들의 시각에서 정당성을 부여하기 때문이기도 하다. 때문에 이러한 인도적 지원은 계속 유지되어 왔다. 1907년 영국 외교관 에어 크로우(Eyre Crowe)는 논문을 통해 영국 왕립해군이 자국의 비용을 들여 전 세계 해양 안보를 제공해왔다고 주장했다.[30] 크로우 주장에 따르면 영국이 제공한 해양안보의 수혜자들은 영국의 해양 패권에 동의하였다. 왜냐하면 그들이 자체적으로 해상에서 비상사태가 발생할 경우 이를 진압하거나 대응하지 않아도 되기 때문이라는 것이다. 이를 두고 하버드대 조지프 나이(Joseph Nye) 교수는 국가의 "소프트 파워(soft power)"의 일부로서 정당성을 위한 교환이라고 묘사했다.[31]

해상질서는 그러한 공공재 중 하나이다. 공공재를 제공하고 유지하는 국가는 다른 국가들의 부담을 덜어주는 대신 어느 정도의 관용과 신뢰를 얻게 된다. 결과적으로 공공재를 공급하는 국가는 선의가 더 많은 선을 낳는다는 논리에 근거하여 미래 국제적 포럼에서 목소리를 내기 쉬워진다. 국가는 선을 행하고 그 반대로 자국의 이익을 추구하는 것이다. 이것이 소프트 파워가 작동하는 방식이다. 치안임무를 수행하는 것은 여러 가지 측면에서 국가이익에 도움이 되지만 외교 및 운용 면에서 민첩성이 요구된다.

회색지대 내 치안과 군사 역할 사이

최근 몇 년간 비국가 행위자만이 바다의 자유를 헤치는 유일한 적이 아니라는 점이 확실해 졌다. 일부 국가 역시 해양법에 관한 유엔 협약(이하 협약)을 자국의 이익에 맞게 수정하고자 시도하고 있으며, 이는 결과적으로 해양에서의 자유에 저해되는 결과를 초래할 수 있다. 이러한 국가들은 그들이 의도한 바를 성취하기 위하여 영토 정복과 같은 명백한 수단을 활용하기보다 이른바 "회색지대(gray zone)" 작전을 통해 이루고자 한다. 이러한 작전은 무력 충돌 수준에 미치지는 못하면서도 구체적인 목적을 달성하는 데 효과적이며 주로 평화와 전쟁의 경계가 불분명한 경계에서 이루어진다. 회색지대 전략을 구사하는 국가들은 지정학적 이익을 위해 해안경비대나 해양민병대와 같은 준군사적 병력을 활용한다. 그들은 심지어 전자 감시장비가 부착된 트롤어선이나 기뢰 부설함으로 개조한 상선과 같은 비군사적 수단을 사용하기도 한다.

이러한 전술에 효과적으로 대응하기란 쉽지 않다. 해안경비대 경비함이나 어선에 대응하여 군사력을 배치하는 행위는 외교적으로 낭패를 볼 수도 있기 때문이다. 이러한 경우 그 이유가 아무리 정당하더라도 무력을 사용하는 국가는 마치 깡패처럼 비춰질 것이다. 사실 회색지대 분쟁은 초기의 반란과 유사하다. 대반란전 전문가 데이비드 갈루아(David Galula)는 뜨거운 혁명 전쟁(hot revolutionary war)이 있을 것인지 여부가 여전히 불확실하기 때문에 평시 현 정부에 대한 선동인 "차가운 혁명 전쟁(cold revolutionary war)"에 대처하기 어렵다고 지적한다. 정치적 반란 세력은 무기를 들기보다 자신들의 활동을 비폭력 시위에 국한할 수 있다. 반란이 평화로운 정치적 활동으로 비춰질 경우 정부는 군사력을 배치하는 것을 꺼린다. 일반적으로 어떻게 대응해야 할지 결정하지 못하고 우물쭈물하는 것이다.[32] 이것이 바로 전쟁을 수행함에 있어 모호한 방식을 택하는 국가들이 바라는 바다. 즉 더 강한 적의 물질적 이점을 무효화하는 것이다.

마찬가지로 국제사회에서 글로벌 공급망의 안정적인 운영을 가능케 하는 자유주의 무역 및 상업 시스템과 같은 기존 질서를 수호하는 국가 역시 갈등을 겪게 된다. 왜냐하면 회식지대 전략을 추구하는 국가들은 의도적으로 불편한 평화와 무력 충돌 사이의 경계를 아슬아슬하게 지키고자 하기 때문이다. 그들은 함부로 총을 쏘지 않는다. 그들은 선체를 사용하여 적의 선박 경로를 차단하고 화력을 물리적 질량으로 효과적으로 대체할 수 있다. 그들은 상대방이 무력으로 반격하는 것을 정당화할 수 있는 전쟁의 명분(casus belli)을 제공하려고 하지 않는다. 그들은 현상을 유지하고자 하는 상대방으로 하여금 먼저 행동하도록 강요함과 동시에 자신들은 행동하지 않거나 반쪽짜리 대응으로 만족한다. 이를 통해 먼저 행동을 취한 상대국에게 전쟁 발발의 책임을 돌릴 수 있다. 현상유지국의 지도자는 주도권을 포기하던지 아니면 침략자로 비춰지는 것을 감수하더라도 대응할 것인지 둘 중 하나를 선택해야만 한다.

요컨대 회색지대 전략으로 인하여 기존 질서를 수호하고자 하는 국가는 딜레마에 빠지게 된다. 제1장에서 언급했듯이 해양 공공재는 그러한 질서 중 하나이다.[33] 뉴잉글랜드 타운 공공재와 같이 그것은 모든 사람의 소유이자 그 누구의 소유도 아니다. 이는 해군, 공군 및 상선이 바다와 하늘을 사용할 수 있는 거의 무한한 자유를 누리는 영역이다. 그러나 공공재에 대한 이상과 현실은 중국과 러시아와 같은 국가로부터 거센 도전을 받고 있다. 중국은 중국해 내 자국의 정책을 추진하기 위해 전쟁에 의존하기보다는 회색지대 전략을 수립하였다. 존스홉킨스대 할 브랜즈(Hal Brands) 교수는 이러한 전략에 대해 다음과 같이 설명하고 있다.

> 회색지대 전략은 본질적으로 강압적이고 공격적인 활동이지만 동시에 재래식 군사 분쟁과 국가 간 전쟁 사이 경계에 있도록 의도적으로 설계된 활동이기도 하다. 회색지대 접근방식은 대부분 기존 국제환경의 일부를 수정하려는 행위자, 즉 수정주의 세력의 영역이며 목표는 이익을 얻고자 함이다. 이러한 목표는 영토와 관련이 있거나 그렇지 않으면 일반적으로 전쟁에서의 승리와 관련이 있다. 그러나 회색지대 접근 방식은 공공연한 전쟁으로 **확대되거나** 설정된 레드 라인을 **넘거나** 회색지대 전략을 수행하는 국가들이 처벌과 위험에 노출되지 **않으면서** 자국이 추구하는 이익을 달성하기 위한 것이다(원문 강조).[34]

이를 위해 중국은 해양력의 해군 및 비해군 수단을 모두 사용하여 다른 국가들이 해양 영역에서 먼저 행동하도록 강요한다. 중국의 회색지대 전략을 추진하는 방식은 영유권 분쟁이 있는 섬, 바다, 하늘에 대한 유사성을 구축하는 데 기반을 두고 있는 것으로 보인다. 다시 막스 베버(Max Weber)의 정의로 돌아가서 주권이라는 개념에는 국경이라는 특정 선 내 합법적인 힘의 사용에 대한 독점권을 부과하는 것을 포함한다. 베이징은 모든 유형의 군에 있어 우세를 달성한 후 다른 국가들로 하여금 이에 도전하도록 한다. 중국은 지역 내 어떠한 경쟁국도 압도할 수 있는 군과 해군을 건설하고 이를 지원할 수 있는 인공섬 또한 건설하고 있다. 중국 지도부는 경쟁국들이 이러한 뉴 노멀(new normal)을 스스로 받아들임에 따라 중국이 지역 내 수역을 장악할 수 있는 합법성을 확보할 수 있기를 바란다.

이 대담한 전략은 중국 주변 아시아 국가들뿐 아니라 협약과 자유 해양질서 전체에 대한 공격을 상정한다. 그러나 중국은 이러한 전략 전면에 해안경비대, 어선, 상선 등 눈에 띄지 않는 세력을 내세운다. 주변 아시아 국가들이 주권에 대한 베이징의 요구를 물리친 이후에나 중국은 재래식 무기를 배치할 것이다. 루트왁이 우리에게 상기시켜 주듯이 물리적으로 약한 세력일지라도 그 이면에는 압도적인 힘이 위치하고 있음을 잘 알고 있다. 중국의 전략가들은 이러한 루트왁의 의견에 동의하지 않을 순 있지만 남중국해 분쟁 당사국들은 이러한 점을 잘 인식하고 있다. 따라서 베이징은 전함을 현장에 출동시키지 않더라도 주변 국가들을 억제하거나 강요할 수 있는 능력을 보여줄 수 있다.

이러한 과정에서 중국 해군은 수평선 너머 보이지 않는 곳에 위치하고 있다 하더라도 잠재된 설득(latent suasion)을 통해 영향력을 미치고 있다. 중국의 해양전략에 대한 대부분의 논평들은 주로 전통적인 해양력의 수단, 즉 인민해방군 해군과 화력으로 뒷받침되는 해안 기반 무기체계에 대해 이야기한다. 어찌 보면 이는 당연한 일이다. 논쟁의 여지는 있겠지만 평시 첨단 무기체계의 주요 역할은 회색지대 전략상 활용되는 그리 화려하지 않은 선박에 대해 일종의 안전장치를 제공하는 것이다. 회색지대라는 비교적 새로운 용어에도 불구하고 이러한 관계는 그리 새로운 것이 아니다. 중국 지도부는 오랫동안 어선, 상업 운송 및 법 집행 기관을 해양강국으로 나아가기 위해 활용할 수 있는 준군사(paramilitary) 조직으로 간주해 왔다. 이러한 조직이 바다에서 발생하는 일들에 영향을 미칠 수 있다면, 이는 중국을 위한 해양력의 도구라 볼 수 있다.

베이징은 전략적 경쟁에 있어 진정으로 해양 접근방식을 취한다. 지배적인 연안 국가가 주장하는 영토를 통제하는 방법은 실제로 가능한 경우에 결정될 것이다. 제1장에서 살펴보았듯이 400년 전 영국 법학자 셀든은 강한 연안 국가들이 바다를 마치 육지와 같이 지배하면서 해양을 소유(own)할 수 있다고 주장한다. 만약 셀든의 주장과 같이 중국 또는 중국과 비슷한 생각을 가진 국가들이 근해를 해양법이 아니라 국내법이 우선하는 영역으로 여긴다면 그들의 시각에서는 해양안보를 위해 협력하는 것은 자국의 영토를 감독하기 위해 외국군 또는 민병대를 초대하는 것과 같을 것이다. 스스로 강국이라고 여기는 어떠한 국가도 그러한 일을 용인할 수는 없다.

호주 출신의 예비역 샘 베이트만(Sam Bateman) 제독은 아시아 태평양 지역 내 안보를 헤치는 "풀기 어려운 문제들"이 많다고 언급한 바 있다. 그는 이러한 문제들을 "정책 수립이 시급하고 매우 복잡한 문제"라고 정의하면서, "이는 많은 인과적 요인들과 함께 문제의 본질 자체를 정의하고 무엇이 가장 좋은 해결방안인지에 대해 일치된 합의를 도출하기 어렵다"고 덧붙였다.[35] 그는 이와 같은 문제의 해결 방안을 모색하기가 쉽지 이유는 많은 문제들과 얽혀 있기 때문이 아니라 "자신의 입장이 옳다는 확신을 갖고 있는" 경쟁자들 사이에 "근본적인 차이"가 있기 때문이라고 말했다. 합의는 "항상" 예외 없이 논쟁을 벌이는 사람들에게 "생각과 행동을 바꾸라"고 요구한다. 그는 아시아 태평양이 "해양에 대한 서로 다른 주장의 충돌과 지역 내 더 큰 해군 활동의 위험을 관리하는 등"과 같은 난제들로 가득 차 있다고 설명한다.[36]

동남아시아는 아시아 태평양의 축소판과도 같다. 틸 교수에 따르면 해양지배, 해상질서, 해상운송 영역 간 충돌되는 이해관계는 분쟁 해결의 어려움을 배가할 뿐만 아니라 우호적인 관계와 협력을 지속하기 어렵게 만든다. 기존의 난제가 회색지대 전략과 만나면, 이미 폐쇄되고 분쟁으로 가득 차 있으며 천연자원으로 가득한 남중국해를 분쟁과 논쟁의 도가니로 만든다. 현재 상황에서 지역 수역과 해안에 한 다국적 치안을 위한 협력은 불가능에 가깝다.

더구나 중국의 군사력이 증강하고 중국이 훼방꾼으로 활동하는 한 이러한 상황은 개선되기 어려울 것이다. 특히 중국은 독단적인 행동을 통해 중국이 생각하는 해상질서를 강화하고자 한다. 더 나쁜 상황은 만약 중국의 회색지대 전략이 성공한다면, 이를 모방하려는 국가들이 늘어날 수 있다는 것이다. 러시아는 러시아만의 회색지대 전략을 구상하며 크림 반도 동쪽 흑해의 영토인 아조프해와 러시아 북극 해안을 둘러싸고 있는 북해 항로에 대한 영유권을 주장하고 있다.[37] 이란은 페르시아만과 인도양을 연결하고 이란 해안을 따라 흐르는 중요한 동맥과도 같은 호르무즈 해협에 대한 특권을 오랫동안 주장해 왔다.[38] 만약 베이징이 중국해에서 스스로 주권을 갖게 된다면 모스크바와 테헤란 역시 자신들의 인근 해역에서 똑같이 하지 않을 이유가 없다. 강력한 국가가 적대적인 경우 어떻게 치안업무를 수행할 것인가는 1차적 차원의 전략적 도전을 제기한다. 그리고 이 도전은 한동안 계속될 것이다.

군사적 역할

평시 전략적 경쟁이 적대국으로 하여금 원하는 것을 갖지 못하도록 하는 소극적 목표(negative aim)를 추구하는 반면, 전시 전략의 경우 소극적 또는 적극적 목표(positive aim)로 두 가지 목표에 모두 맞춰 추진될 수 있다. 적극적인 목표를 추구하는 전투원은 상대방으로부터 무언가를 빼앗고 싶어 하는 반면, 상대방은 그러한 일이 발생하지 않도록 현상을 유지하고자 하는 소극적인 목표를 추구한다.[39] 클라우제비츠는 국가들이 무기를 들고 공격을 시작한다고 해서 반드시 외교적 관계를 중단시킬 필요는 없다고 지적한다. 그럼에도 불구하고 정책 결정에 있어 전쟁이라는 요소를 추가할 경우 전략 경쟁의 양상은 현저하게 변화한다. 키신저와 루트왁이 그들의 저서를 통해 묘사한 용기와 인식상의 가상 전쟁이 외교적 문서를 대체하는 실제 전투와 교전이 이루어지는 격렬한 상호작용으로 그 성격이 바뀌는 것이다. 그들은 상대적인 강점과 약점에 대한 가설적인 주장을 하기보다 실제 전장에서 이루어지는 무기의 판결에 순종한다. 마치 과학자들이 실험을 통해 자신의 가설을 증명하는 것과 같다. 전장이라는 현실은 흡사 무기체계, 전술 및 작전에 대한 다양한 가설 간 중재자 역할을 수행한다. 이러한 측면에서 클라우제비츠는 전쟁이 참전하는 국가가 가지고 있는 생각의 "또 다른 방식의 표현" 또는 "다른 형태의 말이나 글"이라고 묘사한 바 있다.[40] 이는 전쟁과 같은 수단과 방법이 더해진 외교적 상호작용이다.

그렇다면 이쯤에서 부스가 제시한 군사적 역할은 해군 외교 및 치안 임무 영역에서 해군이 수행하는 모든 임무의 기초를 형성한다는 점을 상기할 필요가 있다. 평시 외교적 영향력은 만약 해전이 발발한다면 해군이 능히 승리할 수 있다는 역량을 갖추었을 것이라는 인식에서 비롯된다. 용맹함과 결단력에 대한 인식은 외교관의 말과 행동에 힘을 실어준다. 유사하게 군사적 역할은 바다의 자유를 주장하는 적국의 계획을 좌절시키는 데 필요한 요소이다. 더불어 엄격하게 치안이 유지되는 지역 내에서도 해안경비대는 해적, 테러리스트, 무기밀매상과 같은 비국가 행위자를 제압할 수 있는 장비와 무기체계를 갖추어야 한다. 이렇듯 효율적으로 배치된 군사력은 이러한 임무들의 공통 분모이다.

마지막으로 해군이 다른 군종 및 사회가 지배권을 위한 경쟁에서 승리하는 데 어떻게 기여할 수 있는지 살펴본다. 군은 더 이상 외교관계에 영향력을 미치는 데에서 그치지 않는다. 지휘관들은 군사력을 통해 정치 지도부의 뜻을 이행하기 위해 노력한다. 따라서 우리는 우리의 시선을 대전략이라는 큰 방향성에 고정시키되 전쟁의 작전적, 전술적 수준까지 구체화해야 한다.

이러한 측면에서 먼저 영국 군인이자 이론가인 B.H. 리델 하트(B. H. Liddell Hart)에게 경의를 표한다. 1914년부터 1918년까지 서부 전선에서 목격했던 유형의 유혈 사태만은 피하고 싶었던 제1차 세계대전 참호전의 베테랑인 리델 하트는 대전략의 현대적 개념을 창시하기도 했다. 제1장 서두에서도 언급했듯이 이것은 외교적, 정보적, 군사적, 경제적 권력을 정치적 목표를 위한 전략적 수단으로 만드는 기술과 과학을 의미한다.

주변지역에 대한 상업적, 정치적, 군사적 접근을 목표로 하는 머핸의 해양전략 개념이 정확히 이러한 범주에 속한다. 해양전략은 대전략의 한 종류이자 해안국가가 해양에서 취사선택할 수 있는 다양한 선택지이기도 하다. 따라서 머핸의 글이 리델 하트에 비해 몇 년 더 앞서긴 했지만, 전략적 우수성이 "비록 주관적인 평가일지라도 더 나은 평화 상태"를 만드는 데 있다는 리델 하트의 견해를 공유한다.[41]

두 사상가는 정치인들에게 가능한 비폭력적인 수단을 통해 평화 상태를 개선하되 반드시 필요한 경우에만 싸울 것을 촉구한다. 리델 하트에게 있어 전략이란 전략적 그리고 정치적 목적을 위해 국력을 사용하는 방법이자 동시에 태도이다. 이는 군사(軍事)의 세세한 부분에 집착하기보다 장기적으로 바라보는 태도이다. 그가 존경하는 손무와 마찬가지로 리델 하트 역시 싸우지 않고 희생과 피해를 입지 않으며 승리하는 방안을 강력히 선호한다.

만약 무혈 승리가 불가능하다면 그는 정치 및 전략적 지도자들에게 "적의 의지를 약화시키기 위해 경제적, 외교적, 상업적 그리고 특히 윤리적 압박의 힘을 고려할 것"을 권고한다. 이러한 넓은 시야는 전략적 성공의 가능성을 높인다. 그리고 "전략의 지평은 전쟁으로 한정되어 있는 반면 대전략은 전쟁 너머의 평화를 바라

보는 것"이다.[42]

따라서 리델 하트에게 있어 전쟁은 결국 평화에 관한 것이다. 해양전략의 영역에서 더 나은 평화 상태는 상업적, 정치적, 군사적 접근을 복원하는 동시에 미래로의 접근을 선호하는 주변 조건을 조성할 것이다. 따라서 접근은 해양전략가가 지향해야 할 북극성과도 같다. 머핸 시대를 되돌아보면 미국 해양전략의 신조는 오랫동안 접근권을 확보하고 방어하는 동시에 유라시아 주변지역을 관리하여 압도적인 세력이나 동맹이 그들을 지배하거나 해군과 군사 자원을 축적하여 서반구에 위협이 되지 않도록 하는 것이었다.[43] 또한 1945년 이래 미국은 해양 무역 및 상업 시스템을 감독해왔다. 과거 해양패권국 영국이 제1차 세계대전과 제2차 세계대전에 걸쳐 추축국(Central Powers)을 물리치느라 힘을 소진하면서 미국만이 해양패권국이 될 수 있는 유일한 후보로 남았다.[44]

또한 해양에서 미국의 우위는 유라시아를 둘러싸고 있는 주변 바다를 지휘하는 것을 의미했다. 제2장에서 언급한 바와 같이 지정학 전문가 스파이크먼은 제2차 세계대전 간 해양강국이 외국 해안과 내륙을 따라 어떻게 유리한 여건을 조성할 수 있는지에 대해 연구했다. 스파이크먼은 영국 제국의 역사를 살펴보던 중 대영제국이 성공할 수 있었던 배경에는 영국 해군이 유라시아 초대륙(subcontinent)을 둘러싸고 있는 반 폐쇄적인 "변두리해"를 통치했기 때문이라는 결론을 내렸다. 해양 패권을 바탕으로 영국은 이러한 근해로부터 중심부로 전력을 투사할 수 있었던 것이다. 그에게 바다는 육지에 영향력을 행사하기 위한 시작 지점이자 준비 지역(staging area)과도 같다.

스파이크먼의 이론에서 발트해, 벵골만, 남중국해와 같은 광역 해양은 매우 중요한 위치를 차지한다. 만약 주변 해역을 통제하는 것이 영국 왕립해군으로 하여금 전 세계에 걸친 제국을 관리할 수 있는 권한을 부여했다면 미국의 경우도 마찬가지였다. 제2차 세계대전 이후 미 해군과 합동군 역시 같은 방식으로 전 세계를 관리해오고 있다. 해군이 변두리해에 접근하지 못한다면 주변지역에서 성취할 수 있는 것은 거의 없다.[45] 그들은 지상 목표물을 폭격하거나 상륙작전을 수행하기 위해 작전 반경 내 접근할 수 없다면 해안으로 전력을 투사할 수 없다.

미 해군참모대학에서 우리는 종종 학생들에게 해양전략 이론가로서 머핸과 콜벳 중 누구를 더 선호하는지 묻곤 한다. 그 질문을 통해 우리는 의도적으로 잘못된 선택을 제기한다. 두 이론가는 서로 다른 의제를 가지고 서로 다른 청중을 위해 글을 썼기 때문이다. 그들은 자연스럽게 메시지 역시 다른 방식을 통해 전달했다. 영국인 콜벳은 영국이 당시 세계 최고의 함대를 이미 보유하고 있었기 때문에 대규모 전투함대를 건설할 당위성에 대해 설명할 필요가 없었다. 반면 미국인 머핸은 미국이 왜 함대가 필요한지에 대해 설명하기 위해 많은 시간을 할애해야 했다. 이에 따라 머핸은 해양력의 목적에 대해 설명한 반면, 콜벳은 전시 전략적 이익을 위해 이미 구축된 함대를 투입하기 위한 원리나 구조에 대해 연구했다. 콜벳의 글이 해양력 이론에 질감과 미묘함을 더했다면, 머핸은 미 해군을 적과의 정면 충돌에서 적의 함대를 공격하기 위한 수단으로 묘사했다.

미 해군참모대학 와일리 교수는 두 역사가의 글을 비슷한 방식으로 해석하였다. 그의 설명에 따르면 머핸은 해양력을 추동하는 정책을 설명하는데 탁월한 반면, 콜벳은 해전에서 승리하기 위한 전구 전략과 함께 이를 활용하여 보다 큰 목표를 추구하는 방식에 대해 서술하였다. 와일리는 “머핸은 콜벳보다 먼저 이러한 점을 인식하고 에둘러 글을 쓰기는 했으나 명확한 포괄적인 용어로 그의 생각을 정리하거나 해전을 위한 기준이 되는 전략을 간결하게 제시하지는 못했다. 머핸이 유명해진 것은 국가 정책의 기초로서 해양력의 역할을 인식하였기 때문이다”라고 덧붙였다.[46]

머핸은 해양력을 추구하는 목적과 바다에서 전쟁을 수행하는 방법론을 조사하는 등 관련 모든 분야에 대해 연구하고자 했다. 역사가 해롤드 스프라우트(Harold Sprout)와 마가렛 스프라우트(Margaret Sprout)의 표현에 따르면 머핸은 “해양력의 철학 … 중상주의적 제국주의 강령에 기초한 민족번영과 운명론 이론” 및 “해군전략과 방위 이론”에 대해 고민한 반면, 콜벳은 대영 제국과 같은 기존의 패권국가를 이끌 “해군 전략과 방어 이론”을 발전시켰다.[47]

이러한 관점의 차이는 해양에서의 승리가 그 자체로 목표인지 아니면 단순히 전쟁 이후 결과에 대한 전조인지에 대한 질문과 밀접하게 관련이 있다. 머핸은 주요지역을 지휘하는 것이 왜 중요한지 설명하는 데 주로 에너지를 쏟는다. 그는 적의 함대를 격파하면 자연스레 훌륭한 결과가 따를 것이라고 제안한다. 그러나 그는 작전적 승리로부터 전략적 이익을 얻는 방법에 대한 세부 사항은 경시한다. 예를 들어, 머핸은 알베마르(Albemarle)의 제1공작 조지 몽크(George Monk)를 다음과 같이 인용한다. "몽크 공작이 바다를 지배할 국가는 언제나 공격해야 한다고 말하면서 영국 해군정책의 기조를 설정했다. 프랑스가 미국 식민지와 동맹을 맺을 당시 미국 독립전쟁 간 프랑스 통치자들 역시 같은 정신에 입각하여 행동했다면 그 전쟁은 프랑스와 식민지 모두에게 '그보다 더 신속하게 그리고 더 좋은 결과를' 가져왔을 수도 있다"(필자 강조).[48] 보수적인 프랑스의 국정은 영국의 기업가 정신에 이어 두 번째로 좋지 않은 결과를 낳았다.

콜벳은 해군 작전의 목적은 지상군과 협력하여 실시하는 해양전략의 일부로 육상에서의 여건을 조성하는 것이라고 주장한다(오늘날 그는 의심할 여지없이 공군도 추가할 것이다). 또한 그는 전시에서 해양전략의 가장 중요한 우선순위는 "전쟁 계획에서 육군과 해군의 상호관계를 설정하는 것"이라고 덧붙였다.[49] 콜벳은 이러한 용어들이 발명되기 훨씬 전부터 응집성 있는 작전의 일부로 하나의 군종(軍種)을 다른 군종과 함께 배치하여 작전을 수행하는 "합동성(jointness)" 또는 "합동(jointery)"의 예언자였다.[50] 해안에서 여건을 조성하는 것은 그에게 있어 가장 중요한 일이었다. "인간은 바다가 아니라 육지에 살기 때문에 전쟁 중인 국가 간 큰 문제는 드문 경우를 제외하고 항상 당신의 육군이 적대국의 영토 및 국가에 대해 무엇을 할 수 있는지 또는 함대가 당신의 육군에 할 수 있는 일에 대한 두려움에 의해 결정되어 왔다."[51] 다시 말해, 해전은 단지 전략적 성공을 위한 조력자의 역할을 수행할 뿐이며 머핸의 경우처럼 그 자체가 목적이 아니다. 스파이크먼과 와일리와 마찬가지로 콜벳에게 바다는 전략가와 전술가가 해안에 영향을 미치는 매개체를 구성한다. 와일리는 해양 통제의 중요성을 "분명하고 구조적으로 완전한 형태로 최초로 기술한" 사람이 콜벳이라는 점에 동의한다. 사람들은 육지에서 삶을 영위하므로 다툼 또한 육지에서 해결된다.

해양전략가들은 이러한 철학적인 질문들에 대해 깊이 숙고해야 한다. 그들은 전략적 기준으로부터 다양한 개념을 혼합하고 맞춰 봄으로써 일종의 종합된 결과를 도출할 수 있는 모든 가능성을 열어 두어야 한다. 공세적 성향의 독자는 전반적으로 머핸의 가르침을 선호할 수 있다. 그는 항상 위험을 무릅쓰더라도 해군이 제

역할을 다해 성공할 수 있는 가능성을 높여 싸울 수 있도록 함대의 준비태세를 유지하는 방안을 지지한다. 하지만 목적에 대한 더 큰 통찰력을 얻기 위해 머핸의 글을 읽으면서 동시에 전쟁에서 승리하기 위해 해군력을 사용하는 방법에 대한 보다 정교한 분석에 능한 콜벳에게 기울어지는 것 또한 가능하다. 이것이 필자가 바라보는 방식이다. 머핸은 더 강한 해군과 가장 조속한 시일 내 전투를 개시할 것을 주창하는 이론가인 반면 콜벳은 그의 저서 해양전략론(*Some Principles of Maritime Strategy*)을 통해 상대적으로 열세에 놓은 해군이 주어진 시간, 독창성 및 작전적 능숙함 등을 통해 전쟁에서 승리할 수 있는 방법에 대해 설명한다. 이는 보다 유연한 비전이며 현실에 보다 적합하다.

머핸과 콜벳 시대 해군 전문가들은 과연 함대 지휘관은 전쟁이 시작될 때 결정적인 전투를 해야 하는지에 대한 질문에 집중하였다. 해양 학자들이 이에 대해 어떻게 대답하는지에 따라 관점의 차이가 극명하게 대비된다. 머핸은 이러한 질문에 대해 그렇다고 답한다. 지휘관은 가능한 한 빨리 적의 영해에서 적과의 전투를 수행해야 한다는 것이다. 제1장과 제2장에서 살펴본 바와 같이 머핸에 따르면 평시 해양력 축적은 조우할 가능성이 높은 동등한 수준의 적대세력 또는 더 뛰어난 적에 맞서 승리할 수 있는 역량 있는 함대를 건설하는 것을 포함한다. 머핸은 전시 함대는 거의 모든 상황하에서 위험을 무릅써야 한다고 주장한다. 그는 극단적인 모험가와도 같다.

머핸은 지휘관들이 해양 정복을 위해 도전할 때는 보다 대담해져야 한다고 강하게 믿었다. 지휘관들은 전쟁 초기부터 "압도적인 힘"을 집중하고 가능한 한 신속히 전투를 수행해야 한다. 머핸은 미국 독립 전쟁 동안 무관심과 함께 전략적으로 방향성을 잡지 못했던 프랑스 제독을 예로 들어 설명한다. 당시 프랑스 해군은 대부분 해상에서 연합군과 정면으로 맞섰다. 특히 그는 프랑스가 카리브해에서 영국이 소유한 섬을 점령하는 데 집중한 점을 비난한다. 프랑스 해군은 지역 해상 내 위치하여 프랑스에 대항할 수 있었던 강력한 영국 해군 함대에 집중하였던 것이다.[52] 프랑스군 지휘관들은 우선순위를 잘못 인식했을 뿐만 아니라 이를 역으로 지시하였다.

적 함대를 격파하고 적의 영토에 위치한 소유물을 격파하라. "만약 제해권을 유지하고자 한다면 적의 해군은 분쇄되어야 한다"고 머핸은 말하고 있는 것 같다.[53] 영국 함대가 분쇄되었다면 영국 섬들 역시 그 지리적 이점이 큰 효력을 발휘하지 못했을 것이다. 해상에서 프랑스 해군이 승리했다면 영국 섬으로의 해상 보급과 지원을 저지할 수 있게 되어 프랑스의 손에 하나씩 넘어갔을 것이다. 머핸이 강조하고자 했던 교훈은 해군 지휘관이 적의 함대를 격파하는 데 중점을 둘 때 좋은 결과를 거둘 수 있다는 것이다. 지휘관들은 절대 이러한 우선순위를 명심해야 한다.

머핸은 만일 적대적인 함대가 결정적인 전투를 거부할 경우 해상 봉쇄를 통해 함대의 이동을 막아야 한다고 말한다.

적의 함대를 격침시키는 것보다 덜 만족스럽긴 하지만 격리가 철저하게 유지되는 한 항구에 가두어 둠으로써 전투에서 제외시킬 수 있다. 때때로 이러한 방책은 필요했다. 예를 들어, 그는 프랑스 혁명과 나폴레옹 전쟁 시기 프랑스 해군이 일반적으로 영국 왕립해군의 봉쇄군이나 주요 영국 함대와 결투하는 것을 거부했다고 지적했다. 머핸과 콜벳은 이러한 장기간의 경쟁을 역사적인 근거로 삼았다. 당시 프랑스 해군 지휘부는 위험을 감수하기보다 함대를 보존하는 데 집착했다.

봉쇄는 한동안 해상 항로에 대한 위협을 억제할 수 있었고 머핸 역시 이러한 순기능에 대해 인정하였다. 그러나 머핸은 전략적 목록에서 전쟁을 가장 선호하였고 봉쇄는 그 다음이었다. 머핸의 판단에는 그럴 만한 이유가 있었는데, 봉쇄는 해군력에 큰 부담이 될 뿐만 아니라 상당한 기회비용이 들기 때문이다. 효과적인 봉쇄는 해군의 전체 전력은 아닐지라도 적어도 상당한 전력이 요구된다. 또한 일반적으로 봉쇄를 위해서는 함대를 분산시켜야만 한다. 해군 지휘부는 적의 항구마다 전대를 배치하거나 해안선 전체를 둘러싸는 확장된 방어경계를 따라 "원거리 봉쇄"를 해야 한다.[54] 그러한 조치는 교전이 발생할 경우 전투력을 약화시킨다.

봉쇄는 때로 효과적일 수 있다. 예를 들어, 1812년 영국 해군은 해상봉쇄를 통해 미국 경제를 질식시켰다. 이러한 경험을 바탕으로 머핸은 다시는 유사한 상황이 발생하지 않도록 전투함대를 구축을 옹호하게 된다. 허레이쇼 넬슨(Horatio Nelson) 경과 그의 동료들은 프랑스 혁명과 나폴레옹 전쟁 간 수십 년에 걸쳐 프랑스 해군을 궁지에 몰아넣었다.[55] 그리고 영국 왕립해군은 제1차 세계대전 중 원거리 봉쇄를 통해 북해에 독일 공해 함대를 가두었다. 영국 해협 및 스코틀랜드와 노르웨이 사이의 해역을 폐쇄하는 것만으로도 영국은 목적을 달성하기에 충분했다. 브리튼 제도(British Isles)에 견고하고 통과하기 어려운 경계가 형성되면서 이러한 봉쇄가 가능했다.

영국 함대는 경계의 양쪽 끝단을 봉인하기만 하면 되었고, 이는 그렇게 어려운 임무가 아니었다. 그 결과 영국 해군은 기뢰, 잠수함 또는 수상 어뢰와 충돌할 가능성이 있는 독일 항구에 굳이 정박할 필요성을 못 느꼈다. 봉쇄하기 쉬운 지형은 거의 찾아보기 힘들다. 함대를 보다 소규모의 부대로 나누는 문제는 이러한 소규모 부대가 국지적으로 보다 강한 적에 의해 패배할 가능성이 있다는 점이다. 모든 곳에서 강해지려고 한다면 그 어디에서도 강할 수 없다는 위험에 빠진다. 더 약한 적이라도 대부분 또는 모든 전력을 한곳에 집중시킨다고 이러한 경계를 뚫을 수 있다. 이렇듯 확장된 경계를 방어할 때 부분적으로 전투력을 분산시켜야 할 필요성은 시대를 초월하여 피할 수 없는 딜레마다.

따라서 지휘관은 두 가지 옵션을 모두 즐겨야 한다. 넬슨 경은 영국 해군이 임무를 달성할 때 봉쇄가 도움이 되었다고 주장했다. 영국 선원들은 해양에서 중단없이 훈련을 통해 준비태세를 갖출 준비를 할 수 있었던 반면 프랑스군은 항구에 갇혀 쇠약해졌다. 그러나 여전히 근거리 및 원거리 봉쇄는 연안에서 순찰하는 함대를 고정시키고 흩어뜨리며 지치게 하므로 부담스러운 기회비용을 수반한다. 봉쇄를 하는 동안 함선은 호송함을 호위하거나 경계 지역을 벗어난 적을 수색하거나 공격하는 등의 다른 임무를 수행할 수 없다. 적대국이 싸움을 원치 않을 경우 치러야 할 비용이 적지 않다.

그리고 이것은 해전을 승리로 이끌기 위한 머핸의 각본을 완성한 것 같다. 머핸은 더 강한 경쟁자의 이론가이다. 진취적인 해군작전사령관들은 전쟁 발발 초기 함대를 집결시키고 적의 해안을 작전 수행의 국경으로 삼아 공세적인 행동을 취한다. 만약 실패할 경우 그들은 적의 함대를 항구에 붙잡아 두고 결전을 연기한다. 이는 어디까지나 건전한 지침이지만 아직 세부적으로 연구해야 할 부분이 많다. 그에 반해 콜벳은 해양전투가 발생하는 이유와 배경에 대한 연구에 보다 많은 기여를 했다. 그의 각본은 더 자유로운 형식으로 강한 국가뿐만 아니라 약한 국가에 대한 연구 또한 포함한다.

콜벳 시대 많은 해군 장교들과 열광자들이 콜벳을 이단자로 낙인찍었다는 점을 상기할 필요가 있다. 왕립해군 장교들은 오랜 기간 동안 머핸의 공세적인 이론을 신봉해왔고 동시에 결정적 전투를 즉시 하지 않는 작전을 고려하는 콜벳을 경멸했다. 공격 및 방어작전을 모두 허용하는 접근 방식은 영국 왕립해군이 오랜 기간 지켜온 정신과 상충되었다. 그들은 콜벳의 접근방식이 불만족스러웠다. 콜벳 역시 그들을 설득하고자 하지 않았고 나아가 당시 해군이 가지고 있던 독단적인 신념을 풍자하기까지 했다. 한 예로 그는 포츠머스에서 청중에게 "적의 해안은 우리의 국경이다"라는 격언에 대하여 "왕립해군은 '지배하라, 브리타니아여'라는 군가를 부르며 작전을 계획하는 게 좋겠다"라고 말하기도 했다.[56]

콜벳은 독단적인 신념이 창조적이고 전략적 사고를 방해한다고 주장한다. 또한 이러한 격언은 강한 국가들에게 설득력이 있을지 모르지만 당시 왕립해군의 전력이 절정에 달했을지라도 지도상 모든 위치에 있는 모든 적보다 매번 우월할 수는 없다는 점을 지적했다. 게다가 실제로 해군은 항상 권력의 정점에 서 있지도 않았다. 그릇된 신념에서 비롯된 정책은 일을 그르칠 수 있다. 영국 의회는 7년 전쟁(1756-1763)에서 영국이 프랑스에게 막대한 비용을 들여 승리를 거둔 이후와 같이 전체 해군 규모를 축소시킬 수도 있었다.[57] 미국 독립 전쟁으로 왕립해군은 더 이상 프랑스와 스페인이 연합한 함대와 동등하지 않았다. 역사가 러셀 웨이글리(Russell Weigley)는 "영국은 1778년 프랑스와 1779년 스페인과의 전쟁 이후 미국 본토를 2차 전역으로 취급해야만 했다. 7년 전쟁에서 전 세계적인 승리를 거둔 이후 영국의 해군력은 크게 약화되었고 부르봉 왕조의 연합 함대로부터 위협을 받을 경우 더 이상 본토의 안전을 보장할 수 없게 되었다"라고 기술했다.[58] 무모한 해군 정책으로 인하여 미국 독립 전쟁 간 미국은 2차 전구로 강등되었다. 또는 작전명령으로 인해 해군이 일시적으로 불리한 위치에 처했을 수도 있다. 해군은 전체적으로 수적으로 우세할 수 있지만 지휘관은 각기 다른 지역으로 전대를 파견해야 할 필요성을 느꼈다. 이렇게 분산된 전력은 프랑스 해군과 같이 약하지만 한 곳에 집중된 적을 맞이해 국지적으로 불리할 수 있었다. 또한 파견된 전대의 전력과 화력이 주력 함대로 복귀할 때까지 주력 함대 역시 불리한 상황에 처할 가능성이 있었다.

요컨대 콜벳은 영국 해군이 주요지역과 시기에 일시적이라도 불리한 상황에 처할 수 있는 수많은 이유에 대해 고민했다. 그는 현실을 부정하기보다 국지적으로 열세한 세력이 그 기간을 어떻게 활용할 수 있을지에 대해 사전에 연구했다. 지휘관들이 어떻게 부대를 집결시키고 새로운 전력을 형성할지 또는 적을 약화시킬 방안을 생각하는 데 필요한 것은 시간이었다. 만약 그들의 노력이 성공한다면 세력 균형을 역전시킬 것이다. 영국 해군은 늦더라도 결국 머핸이 정의했던 승리를 거둘 것이다.

그리고 이는 일리가 있는 말이다. 약자의 경우 많은 자원을 활용할 수 있는 강자에 비해 더 현명하고 더 교활하며 더 참을성을 가지고 전쟁에 임해야 한다. 콜벳은 해군은 개전 초기 결정적 교전을 치러야 한다는 머핸의 생각에 동의하면서 "이러한 생각의 열에 아홉은 건전한 판단이자 적용 가능하다"라고 말했다. 동시에 열 번 중 한 번 이러한 격언이 통하지 않을 경우 어떻게 대응해야 할지에 대해 오랜 기간 동안 고민했다.[59]

첫째, 그는 절대적인 통제를 의미하는 머핸의 제해권에 이의를 제기했다. 우선 광활한 바다의 크기로 인해 이러한 통제 자체가 불가능하며 이에 제해권은 상대적일 수밖에 없다. 물론 지휘관은 영구적인 통제를 목표로 작전을 수행해야 하지만 실제로 머핸이 제시한 영구적이고 절대적인 개념이 존재하는 경우는 드물다. 콜벳의 반격은 이뿐만이 아니다. 그는 "해양 역사상 해전의 경우 가장 일반적인 상황은 어느 측도 완전한 제해권을 확보하지 못한, 즉 제해권이 확보되지 못한 해양이었고 일반적으로 바다는 통제 받기보다 통제 받지 않은 경우가 대부분이었음을 밝혔다. 또한 해전의 목적이 단지 제해권 확보에 있다는 주장은 제해권 자체가 여전히 논쟁의 여지가 있음을 잘 보여준다"고 강조했다.[60] 머핸은 해군이 추구해야 하는 이상적인 경우를 설명했지만 실제로 성취하기란 녹록치 않다. 콜벳은 그러한 이상적인 경우가 아닌 경우 작전을 수행하는 방법을 설명한다.

둘째, 콜벳은 전투함대들이 경쟁하는 해역뿐만 아니라 모든 중요한 해상 항로를 포괄하도록 시야를 넓혔다. 그에게 있어 해군전략의 요체는 "통항"을 통제하는 것이다. 이는 적의 공격을 받지 않고 해상로를 통과할 수 있는 능력을 의미한다. 종종 필요하며 결과적으로 바람직한 일임에도 불구하고 적의 전투함대를 파괴하는 것은 전략가에게 있어 부차적인 일이다. 콜벳에 따르면 "제해권"은 "상업적이든 군사적 목적이든 해양 통항의 통제를 의미한다. 해전의 목적은 해양 통항의 통제"를 의미한다.[61] 물리적 공간의 통제는 그의 가장 큰 관심사이다. 적군은 그에게 부차적이다.

이러한 주장은 콜벳이 주장한 함대 설계 분류법과 일치한다(자세한 내용은 제2장에서 다루었다). 그는 해군작전을 수행하는 주요 함선은 주력함이 아닌 순양함이라고 설명한다. 순양함은 주력함에 비해 가격이 낮고 적절히 무장하였으며 대규모 배치가 가능하다. 이러한 특징으로 인하여 치안을 위한 임무수행의 범위를 확장시킬 수 있다. 해로를 따라 배치한 경비함은 해상을 통제하는 효과를 거둘 수 있다. 적의 전투함대가 아군 해상 이동을 위협하는 경우에만 결정적인 함대의 행동이 해전의 최우선 목표가 되는 것이다. 콜벳은 "전함의 진정한 기능은 순양함과 소함대를 보호하는 것이다. 그들의 특별한 임무에서 아군 선박을 보호하고 상업과 전쟁 수행에 있어 중요한 해로를 따라 적의 선박을 차단하는 것이다"라고 선언한다.[62]

따라서 해양전투의 "진정한 격언"은 적의 해안이 우리의 국경이 아니며, "함대의 주요 목적은 해상교통로를 지키는 것이다. 만약 적의 함대가 해상교통로를 위험에 빠뜨린다면 그때는 조치를 취해야만 한다."[63] 적의 전투함대가 전투를 거부하거나 아군의 이동에 대한 공격을 자제하는 경우 적절하게 배치된 전투함대는 예비로 기다리거나 봉쇄를 시작한다. 당분간 해상교통을 위한 이동은 안전할 것이며, 이는 전시 전략의 중점이다.

셋째, 콜벳은 해상 지휘권을 단계로 구분하고 해군이 절대적인 지휘권에 미치지는 못하지만 작전 목표는 달성할 수 있다고 주장한다. 때로는 절대적인 지휘권에 한참 미치지 못하는 경우도 있을 수 있다. 지휘관들은 절대적 지휘권을 추구하는 경우 시간, 노력 및 자원을 낭비하지만 절대적 지휘권이 없이도 임무 수행이 가능하다. 콜벳은 해상 통제를 시간과 지리적 공간의 관점에서 정의한다. 이와 관련하여 그가 쓴 구절을 살펴볼 가치가 있다. "지휘권은 다양한 단계와 정도로 존재할 수 있으며, 이는 각각 특정한 가능성과 한계점을 지닌다. 일반적인 지휘권은 영구적이거나 일시적일 수 있지만 매우 유리한 지리적 조건을 제외하면 단순히 지역적인 범위 내에서의 지휘권은 일시적 그 이상으로 간주되어서는 안 된다. 왜냐하면 만약 적이 효과적인 해군을 유지하고 있다면 다른 전구로부터 언제든 방해받을 수 있기 때문이다"(필자 강조).[64]

적의 전투함대를 무력화시키거나 파괴하는 방안이 여전히 바람직하나 종종 낮은 수준의 통제만으로도 충분할 수 있다. 영구적인 일반 통제만으로도 적은 아무것도 할 수 없음을 의미한다. 이는 적이 해양의 우호적인 사용을 방해하기 위해 효과적인 조치를 취할 수 없음을 의미한다.[65] 예를 들어, 작전의 목표가 해안에 부대를 상륙시키고 상륙부대와 그 호위대가 군대와 보급품을 해안에 배치할 수 있을 만큼 충분히 오랫동안 상륙 해변으로 가는 회랑을 비울 수 있다면 그것은 아마도 적의 함대가 지상에서 목표를 성취하기 위한 무력에 대한 충분한 통제가 가능했기 때문일 것이다. 즉 적의 함대가 파괴되지 않았음에도 불구하고 중요한 목표를 달성할 수 있다.

역사가 새뮤얼 엘리엇 모리슨(Samuel Eliot Morison)이 지적했듯이 이것이 바로 1942–43년 사이 솔로몬 해전 간 발생한 경우였다. 일본 제국 해군은 솔로몬 해전 초기 야간 전투에서 우위를 점했던 반면 미국은 주간 전투에 유리했다. 이러한 비대칭성으로 인하여 과달카날 섬 주변에는 "기묘한 전술적 상황이 전개되었다"고 모리슨은 전한다. 즉 매 12시간 단위로 섬 주변에 대한 통제권이 바뀌는 상황이 발생한 것이다. 미 해군은 "해가 떠서 해가 질 때까지 해양을 지배하였고", 이 시간 동안 과달카날 섬에 위치한 비행장을 방어하는 미 해병대에게 보급품을 전달할 수 있었다. "그러나 열대의 황혼이 빠르게 사라지면 미국의 큰 전함들은 겁에 질린 아이들과 같이 사라졌다. 이후 일본군이 점령"하고 지원군과 보급품을 투입했다.[66] 해양 통제를 교대하는 것은 6개월간의 힘든 전투에 연료를 제공하는 것과 같았다.

따라서 과달카날의 예는 해양의 부분적인 지휘권이 갖는 가능성과 한계를 동시에 보여준다. 해군은 해상에서 영구적 또는 일반적인 지휘권을 확보할 수 없는 경우 지상에서 그 목적을 완수할 수 있다. 잠시 동안이기는 하나 이를 미국과 일본 두 해군이 솔로몬 해전에서 해냈다. 그러나 콜벳은 여기서 한 발짝 더 나아가 군은 어떠한 지휘권 없이도 임무가 가능하다고 선언한다. 그는 논리적으로 해군이 지휘권을 행사하기 위해서는 먼저 이를 확보해야 한다는 점을 인정한다. 모든 일에는 적절한 순서가 있는 법이기 때문이다. 만약 그렇지 않은 경우는 어떠한가? 그러나 그는 동시에 모든 전쟁이 "논리와 실제 상황에서 이러한 논리가 규정하는 순서에 따라 수행되지는 않는다… 왜냐하면 외부요인들이 간섭할 수밖에 없는 해양전이라는 특수한 조건으로 인하여 지휘권 확보를 위한 작전은 물론 지휘권 행사를 위한 작전 또한 반드시 수반되어야 한다"고 주장한다.[67]

이와 같이 엄격하게 논리적이지만은 않은 상황에서 해군은 단기간이지만 좁은 지역에서 지휘권을 확보하기도 전에 이를 실행해야 하는 경우가 발생하기도 한다. 지상에서의 상황이 그러한 위험한 도박을 필요로 할 수 있다. 콜벳은 해군 지휘관들이 이러한 임무를 수행할 수 있는 방안에 대해 거의 언급하지 않았다. 그러나 그는 아마도 그들에게 더 강력한 적과 맞서기보다는 회피하면서 은신, 속임수, 교활함 및 기동을 전제로 행동하도록 조언했을 것이다. 전쟁은 때때로 전투원에게 반직관적인 행동을 취하게 하는 복잡한 작업과도 같다. 이것은 의심할 여지없이 선원들을 당황하게 하지만 해군이라는 직업에 대한 불편한 현실은 무시하는 것이 좋다. 이런 의미에서 콜벳은 머핸만큼 위험을 감수하는 사람이라 할 수 있다.

일련의 고려사항을 통해 콜벳은 해양 지배권을 확보하기 위한 삼자 계획을 제안한다. 그는 지휘권 확보를 위한 싸움은 정확히 단계적으로 전개되지 않는다고 보았다. 그는 강한 국가와 일시적인 열세를 극복해야 하는 국가 모두를 위한 방안을 설명한다. 그는 먼저 머핸이 제시한 전략을 인정한다. 더 강력한 함대의 지휘관은 실제 전쟁이 개시될 때 상대 함대와의 결정적인 교전을 모색하거나 적 함대를 무력화하기 위해 봉쇄를 가해야 한다. 신속한 공격은 전쟁에서 승리하는 가장 직접적이고 편리하며 최종적인 방법이다. 산업 시대의 함대는 한번 파괴되면 단기간 내 복구되기 어렵다.

공격은 머핸과 콜벳 시대의 영국 왕립해군과 같이 또는 오늘날의 미 해군과 같이 강한 해군이 자연스럽게 선호하는 방안이다. 이미 우세한 해군이 존재하는 경우라면 신속히 행동하여 열세한 적을 물리치는 데 집중하는 것이 합리적이다. 적의 저항을 제거함으로써 승자는 전쟁 지역과 그 너머에서 해군 함대와 상선을 자유롭게 운용할 수 있다. 콜벳은 해양 패권자들이 이런 식으로 생각하는 것은 "자연스러운 일"이라고 말한다. 정치지도부들이 우세한 함대를 배치하는 것이 현명하다고 판단하는 한 공격을 선호하는 경향 "역시 유지될 것"이다.[68]

이러한 토론 과정에서 콜벳은 때때로 강국을 괴롭히는 특별한 문제, 즉 힘이 상대적으로 약한 국가가 함대를 보존하기 원할 때 이러한 국가의 전투함대를 위험에 빠뜨리게 하는 방법에 대해 고민했다. 그가 제시한 방안은 적이 반드시 방어해야 할 만큼 가치 있는 곳을 공격하는 것이다. 콜벳은 17세기 영국-네덜란드 해전을 예로 제시한다. 네덜란드 해군은 최초 영국과의 해전에서 강자의 위치를 선점했으나 시대가 지나 네덜란드의 패권이 약화되어감에 따라 지휘관들은 전쟁을 더 이상 원치 않았다. 이러한 상황에서 영국 해군이 택한 방안은 네덜란드가 상업과 운송을 위해 의존했던 상선을 급습하는 것이었다. 영국 왕립해군은 의도적으로 숙적인 네덜란드로 하여금 불리한 상황에서 싸우거나 굴복하는 상황 사이에서 선택을 강요하였다.[69] 네덜란드는 결국 불비한 상황에서 싸울 수밖에 없었고 몇몇 놀라운 성과에도 불구하고 패배했다.

콜벳의 의견에서 가장 흥미로운 점은 그가 약자의 입장에서 보다 강한 적의 제해권에 대해 어떻게 대응해야 하는지에 대해 고민했다는 점이다. 그는 "존재하는 함대" 사령관은 전반적으로 힘이 약하거나 국지점으로 파편화되어 있는 상황 속에서도 여전히 선택할 수 있는 여지가 있다고 주장한다. 그는 이렇듯 선택할 수 있는 방안을 "능동 방어"라는 개념으로 묶어 설명하고 있다.[70] 이러한 개념의 핵심은 상대적으로 힘이 약한 경쟁국가들이 단순히 그들의 함대가 존재한다는 사실만으로 상대방에 해를 가할 수 있을 것이라고 수동적으로 대응할 필요도 그렇게 희망해서도 안 된다는 점이다. 약자는 보다 주도적으로 상황을 이끌어 나가야 하며, 이를 통해 공세적인 전술적 타격을 가하고 시간이 지남에 따라 상대방에 비해 보다 강해질 수 있는 기회를 찾아야 한다.

상대적으로 약자는 어뢰 또는 기뢰 공격(또는 현대 작전환경에서는 미사일 발사)과 같은 비대칭적 전술을 통해 조금씩 상대방의 우위에 위협을 가할 수 있다. 또한 약자는 특정 장소와 시간에 조우할 것으로 예상되는 일부 적군에 비해 더 우위를 점하기 위해 집결할 수도 있다. 이렇듯 병력을 집결하여 특정 장소와 시점에 힘을 집중하는 것은 콜벳이 소위 "경미한 공세 작전(minor ofeensive operations)"이라고 칭하는 작전을 수행하는 데 도움이 된다.[71] 이를 통해 진취적인 지휘관들은 심지어 적이 전반적으로 더 강한 경우에도 공세적인 전술적 교전에서 승리할 수 있으며,

이러한 과정에서 적의 전략적인 우위의 한계를 축소할 수 있다.

사실상 콜벳은 "진정한 방어의 의미는 공격할 기회를 기다리는 데 있다"라고 선언한다. 공격은 방어의 영혼과도 같다. "방어의 힘과 본질은 역습"인 반면, 방어적 조치는 "항상 공격을 위협하거나 은폐할 것"이다.[72] 그는 일시적으로 병력수가 적거나 총력이 약해진 경우 지휘관들에게 다음과 같이 권고한다.

> 만약 당신이 상대적으로 공격할 수 있을 만큼 충분히 강하지 않다면 다음 두 가지 상황이 될 때까지 방어태세를 취하라.
>
> (1) 공격이나 다른 방법으로 적의 힘이 약화시키도록 유도한다.
>
> (2) 새로운 역량을 개발하거나 동맹을 확보함으로써 자신의 힘을 키운다.[73]

방어는 임시방편일 뿐이다. 일단 충분히 강해지면 함대는 공격을 시작하고 머핸이 제시한 대본을 따른다.

이쯤에서 적극적인 방어의 다국적 차원을 강조할 필요가 있다. 역사적으로 열세한 국가들의 경우 다양한 방법을 통해 동맹과 파트너십을 통해 힘을 보강한다. 동맹국들은 세계대전 중 동등한 파트너십을 통해 해군력을 결집함으로써 해상에서 공동의 목적을 추구했다. 사실상 전형적인 보병 강국인 스파르타는 페르시아로부터 함대를 빌려 아테네의 해군을 제압했다. 영국의 지도자들은 1940년 프랑스가 함락된 후 나치 독일이 프랑스의 함대를 훔쳐갈 것을 두려워했다. 이와 반대로 적의 동맹을 깨뜨리거나 동맹의 체결을 방해함으로써 적의 역량을 약화시켜 자국에 이익이 되도록 하는 경우도 있다.

즉 능동방어란 자국에 비해 더 강한 적의 전략을 저지하고 그 힘을 약화시키면서 동시에 자국의 역량을 강화하여 결과적으로 승리로 이끄는 기술이라 할 수 있다. 콜벳은 1690년 영국-네덜란드 동맹이 프랑스와 맞서 전쟁을 수행할 당시 토링턴의 백작이자 영국 해군 본토함대 사령관이었던 아더 허버트(Arthur Herbert)를 예로 제시한다. 당시 프랑스 해군은 아일랜드에 군대를 상륙시켜 영국을 도발하고자 하였다. 비록 본진 함대가 프랑스 함대에 비해 열세하였지만 토링턴은 프랑스군을 고착시킴으로써 프랑스군의 전략을 좌절시킬 수 있다고 생각했다. 즉 그

는 프랑스군이 전투를 위해 사거리 내 접근하는 것을 거부함으로써 적을 저지하였다.[74]

토링턴의 함대는 프랑스군을 완전히 물리치기에는 너무나 미약했으나 그럼에도 불구하고 트루빌의 백작(Comte de Tourville)이자 프랑스 해군 사령관 앤 힐러리언 드 트르빌(Anne-Hilarion de Costentin)이 상륙 작전을 실행하기 위해 해안으로 이동하는 위험을 감수할 수 없을 만큼은 강력했다. 그래서 트루빌은 상륙을 포기했고 토링턴은 함대 교전이라는 위험을 감수하지 않고도 그의 목표를 달성할 수 있었다.

콜벳은 토링턴이 "최상의 방어원칙에 따라 공세작전으로 전환할 수 있을 만큼 새로운 전력을 확보하기까지 기다리는 계획"을 실행했다는 점에 경의를 표한다.[75] 동시에 그는 토링턴에게 영국에 비해 훨씬 우월한 적에 맞서 전투를 하도록 명령한 영국 왕실을 질책하기도 하였다. 영국 지도부는 아일랜드 앞바다에서 적극적이지 않은 전략을 소심한 것으로 인식하기도 하고 전술적 수준의 문제를 직접 다루기도 하였으며, 승리할 가능성이 거의 없던 비치 헤드 해전(Battle of Beachy Head)에서 자국의 본토함대가 고전을 면치 못하는 것을 바라만 보았다.[76]

비치 헤드 해전에서의 참패는 불필요하며 예측 가능한 일이었다. 성공적인 능동 방어를 통해 약자는 자신의 전투력을 증대시킴과 동시에 적의 힘을 약화시킨다. 이를 추세선의 형태로 보면 이전의 약자가 이전의 강자를 압도하는 교차 지점을 통과하여 결국 머핸이 주창하는 함대 결전에서 승리를 거머쥔다. 이는 초기 전투를 위한 무분별한 탐색이 아닌 힘이 약한 함대가 승리하는 방식이다. 이러한 측면에서 미국의 전략가들은 미래 미국이 일시적으로 무기력해진다면 어떻게 콜벳의 통찰력을 활용할 수 있을지에 대해 고민해야 한다. 그들은 또한 상대적으로 약한 적대자들이 미 해군과 맞설 때 콜벳식 통찰력을 어떻게 활용할 수 있는지에 대해서도 숙고해야 할 것이다.[77]

머핸의 시각에서 보면 해양전투는 순전히 주력함의 문제이며, 이를 쓰러뜨리는 것이 전쟁의 승패를 좌우한다고 가정하기 쉽다. 예를 들어, 미국의 항공모함에 대한 공격 가능성에 주목하는 전략가들이 이에 해당한다. 항공모함에 대한 공격은 분명히 심각하게 고민해야 할 문제이다. 그러나 미국의 전략에 해박한 적은 항공모함 외에 미 해군의 기반 시설보다 작은 규모의 시설, 장소 및 선박을 공격할 가능성도 있다. 예를 들어, 미 함대에 연료, 탄약 또는 저장고를 운반하는 전투보급선을 공격한다면 단 며칠 만에 미 해군력은 무력화될 것이다. 전투기와 군수지원기에 동력을 공급할 제트 연료가 부족해진다면 핵추진 항공모함조차 무력해질 것이다. 이와 같이 군수지원에 대한 공격은 항모전단에 대한 "미션 킬(mission kill)" 효과를 생성하여 전투 임무를 수행할 능력을 박탈할 수 있다.

또는 상대방의 해군 기지가 미사일이나 항공기 사거리 내 위치하고 있다면 공격을 감행할 수도 있다. 1941년에 일본 제국의 연합 함대는 하와이에 위치한 미 해군의 진주만 기지에 도착하기 위해 수천 마일의 폭풍우가 치는 바다를 건너야 했다. 오늘날에는 진주만 기지와 같은 목표 대상이 잠재적인 적의 사정거리 내에 위치하고 있다. 중국과 같은 지역 적대국들은 함대나 항공기를 파견하지 않고도 일본이나 괌에 위치한 중요 시설을 공격할 수 있다. 중국 인민해방군은 중국 본토로부터 미군 기지까지 도달할 수 있고 트럭에 탑재할 수 있는 탄도 미사일 부대를 배치하고 있다.[78] 사실상 중국과 같은 적대국의 입장에서 미국의 강점을 우회하고자 하는 것은 당연한 선택이다. 콜벳의 강력하게 무장한 소함대에 대한 우려를 감안할 때, 그는 이러한 선택에 동의하여 고개를 끄덕일지도 모른다. 이렇듯 대함 미사일은 콜벳을 당황하게 할 정도의 기술적 비대칭성을 가지고 있다.

그러나 주력함이 아닌 군수지원능력을 공격하는 것은 아주 새로운 생각은 아니다. 해군 역사가 크레이그 사이몬즈(Craig Symonds)는 영국 왕립해군 전투기가 1940년 11월 이탈리아 타란토 항구에 대한 공습 중 이탈리아 군수지원 거점을 파괴하고자 시도하였음을 인정한다.[79] 그들은 이탈리아 해군의 부족한 군수지원 능력, 특히 열악한 연료 공급망을 이용했다. 1년 후 일본 제국 조종사들은 진주만에서 이와 같은 기회를 놓쳤다. 그들은 화력을 미 함대에 집중하여 이를 재건하고 지원하는 데 필요한 기반 시설은 대부분 손상되지 않은 채 남겨두었던 것이다. 그들은 대부분의 손상된 선박을 수리할 수 있는 건선거(drydock)를 제거할 수 있었음에도 불구하고 그렇게 하지 않았다. 또한 그들은 미 함대의 연료 공급을 중단할 수도 있었으나 그렇게 하지 않았다. 1941년 12월 미 태평양 함대를 지휘하기 위해 진주만에 도착한 체스터 니미츠(Chester Nimitz) 제독은 일본 제국이 놓친 기회를 보고 놀라지 않을 수 없었다. 그는 즉시 남아있는 기반 시설을 사용하여 반격을 가할 수 있는 준비를 시작했다. 머핸식 해양력 사슬을 해체하는 방법에는 여러 가지가 있음에도 불구하고 일본은 태평양에서 미국의 해양력 사슬을 해체할 수 있는 기회를 놓쳤다.

힘들게 확보한 제해권을 활용하는 것은 콜벳의 계획상 마지막 단계이다. 콜벳은 어떠한 승리도 적의 세력을 완전히 소멸시킬 수는 없음을 인식하여 지휘관들로 하여금 가능한 한 해로상 광범위하게 자산을 분산시키되 운송을 방해하고자 하는 잔여 적군에 대해 힘을 집중할 수 있을 만큼 가까이 유지하도록 촉구한다. 콜벳에게 있어 집중과 분산을 관리하는 것은 머핸과 다른 전략가들과 마찬가지로 "실제 전략에 있어 많은 부분을 차지"한다. "해군을 집중하는 목표는 가능한 넓은 지역을 관리함과 동시에 유연한 응집력을 유지하기 위함이다. 이를 통해 의지에 따라 필요시 어느 지역에서나 해군을 구성하는 둘 또는 그 이상의 부분의 신속한 응집을 가능케 한다. 무엇보다 가장 중요한 점은 전략적 중심에서 해군 전체의 신속하고 확실한 집중을 가능케 한다는 점이다."[80]

이러한 지침은 확실히 전쟁의 모든 단계에 적용된다. 항구에서 적들을 봉쇄한 함대는 공해로부터의 적대적인 선박을 분리하는 틈을 막기 위해 가능한 분산한다. 적군이 결전을 거부하는 함대의 경우도 마찬가지로 해상을 감독하기 위해 넓게 분산하며 필요시 고무줄이 묶였다가 풀리면서 튀어나오는 것과 같이 신속하게 집결한다. 그러나 문제는 순양함이 해로를 가로질러 흩어져 있을 때 특히 심각한데, 이러한 경우 순양함은 도망가는 선박이나 적 함대의 분견대에도 압도될 수 있기 때문이다. 순양함이나 소함대를 지원하기 위해 대규모 군을 파견하는 방법을 결정하는 것은 제해권을 최대한 활용하는 데 승리하는 것만큼이나 중요하다.

특별한 경우: "누적"작전

전략가들의 의견이 주로 상이한 근본적인 문제는 과연 해양력으로 인하여 전쟁에서 승리할 수 있는가 하는 점이다. 머핸은 분명히 그렇게 생각한다. 그는 해양력을 고대로 거슬러 올라가는 역사상 결정적인 힘으로 간주한다.[81] 반면 콜벳은 이러한 질문에 절대 그럴 수 없다고 답한다. 그의 답변은 그의 저서 해양전략론(*Some Principles of Maritime Strategy*)의 서두에 나온다. 여기서 그는 해전이 그 자체로 결정적인 경우는 거의 없다고 주장한다. 그는 "원조 없이" 해로를 통제하는 것은 오직 "소진의 과정"을 통해서만 가능하며, "그 효과는 언제나 느리고 상업 공동체와 중립국 모두에게 너무나 어려운 문제여서" 종종 정치 지도자들은 적대국의 항로에 압력을 가하기보다 평화를 위해 타협한다. 이러한 압력이 적뿐만 아니라 우호국 및 주변국 모두의 상업에 해가 되기 때문이다.[82]

와일리는 "누적"작전의 한 분야로 상업전쟁 또는 "톤수 전쟁"에 대해 주창하면서 콜벳의 생각을 보다 확장시켰다. 와일리는 군인들이 일반적으로 "순차적인" 전역의 시각에서 사고하는 경향이 있다는 점을 지적한다. 그는 "일반적으로 우리는 전쟁을 일련의 뚜렷한 단계 또는 행동으로 간주하여 각 단계의 행동은 그 전에 선행되는 단계에 기인하여 자연스럽게 발생하는 것으로 본다"고 말했다. 보통 전술적 교전에서 전체 과정의 각 단계는 그 이전 단계에 의존한다. 만약 하나의 행동이 다르게 나타난다면 "전 과정은 중단되거나 변경되었을 것"이다.[83]

순차적으로 전개되는 전략은 지도 또는 항해도상에 연속적인 선, 곡선 또는 최종 목적지를 향하는 벡터 등으로 표기될 수 있는데, 만약 이러한 단계적 접근방식이 익숙하다면 와일리는 "전쟁을 수행하는 또 다른 방식"에 대해 고민한다. 일부 작전은 "보다 적은 개별 행동의 집합으로 구성되지만 이러한 적은 규모 또는 개별 행동은 순차적으로 상호의존적이지는 않다. 각 개별 행동은 개별 통계 이상의 의미를 지니지 않으며 고립되어 최종 결과에 도달"한다.[84] 전술적 단계의 교전은 서로 독립적으로 발생하며 최종 목표를 향해 선형적인 방식으로 종속되지 않는다. 마치 두 살 아이가 손가락을 물감에 담갔다가 사방에 뿌린 것과 같이 지도 또는 차트에 누적행동들이 흩어져 나타난다(마치 필자가 어릴 적 했던 것과 같이).

충분한 자원, 열정 및 인내를 바탕으로 한 누적작전은 상대방을 충분히 압도할 수 있다. 어떠한 교전도 그 자체로 결정적이거나 중요하지 않다. 하나의 화물선이나 운송 수단을 잃는 것은 전쟁의 결과에 거의 영향을 미치지 않는다. 그러나 시간이 지남에 따라 많은 화물선이나 운송 수단을 잃게 된다면 그로 인해 누적된 영향이 심각할 수 있다. 이는 콜벳이 지적한 통계 또는 수치에 의한 전쟁으로 시간이 지남에 따라 적을 지치게 만든다. 제2차 세계대전 중 일본에 대한 미국 잠수함 작전이 전형적인 누적작전이었고 아마도 그 전쟁에 참여했던 와일리에게 영감을 주었던 경험이었을 것이다.

콜벳과 마찬가지로 와일리 제독은 누적작전을 부정한다. 해상습격, 잠수함전, 공중폭격 또는 반군 및 대반란작전 등은 그 자체로 전쟁의 결과를 좌우하지 않는다.[85] 이러한 작전은 장기간 지속될 경우 기껏해야 상대방을 지치게 만들 수는 있다. 그러나 그는 누적작전이 전쟁을 하는 쌍방에 대해 순차적인 작전을 전개하는 균등한 수준의 전력을 보유한 경우 차이를 만들 수 있다고 주장한다.[86] 위에서 설명했듯이 물감을 튀기는 듯한 접근방식은 순차적인 작전을 수행하는 적의 힘을 약화시킴으로써 근소하게 그 차이를 만들어낸다. 만약 누적접근방식이 차이를 만들어 낼 수 있다면 해양전략가들은 선형적 전역을 보완하기 위해 적에게 비선형적 전쟁을 수행하는 방식 및 적의 누적작전에 대응하는 방법에 대해 고려해야 할 것이다.

문제 만들기 전략: 우발상황에 의한 전쟁

이외에 상대방의 전력을 약화시킬 수 있는 다른 방법들도 있다. 예를 들어, 콜벳은 전략가들이 대규모 전쟁 중 적대세력에 맞서 “우발상황에 의해 제한된 전쟁”을 수행하는 방안에 대해 고민해야 한다고 생각한다. 원칙적으로 정치 지도자들과 최고 사령관들은 전쟁을 수행하는 전역에 대해 분명한 작전적 그리고 전략적 목표를 설정하고 이를 성취하기 위해 병력을 파견한다. 이러한 목표 중심적 접근방식은 전반적인 정치적 목표를 추진하는 데 도움이 된다. 우발상황에 의한 전쟁은 이러한 규칙을 거부한다. 제목에서도 알 수 있듯이 상급 지도자들은 지휘관으로 하여금 특정 부대를 배정하여 새로운 전장을 열고 적으로 하여금 최대한 많은 문제를 일으키도록 지시한다. 이는 전쟁을 일으키는 데 있어 목표 중심적이라기보다 자원 중심적 접근방식이라 할 수 있다.

영국은 이베리아 반도에서 나폴레옹 프랑스에 대항하여 이러한 문제를 일으키는 전략을 전개했다. 콜벳은 이후 웰링턴 공작이자 워털루의 승자가 된 아서 웰즐리(Arthur Wellesley) 경이 1808년 약 50,000명의 병력으로 구성된 작은 규모의 이른바 "처리 부대(disposal force)"를 이끌고 어떻게 반도에 왔는지 설명한다(다소 단순화하자면 처리 부대는 주 전역이나 해당 전구에서 승리하기 위해 필요로 하는 자원을 활용하지 않고 주변 전역을 위해 예비로 확보한 전력을 의미한다. 정책입안자들이 부차적인 임무 수행을 위해 위험을 감수한다는 것은 이치에 맞지 않다). 영국 왕립해군의 지원을 받아 웰링턴의 부대는 포르투갈 및 스페인 비정규부대와 함께 프랑스군을 저지하였다.[87] 이러한 영국과 동맹국들의 작전은 대단히 효과적이어서 나폴레옹은 한탄하며 "스페인 궤양"이라고 농담을 하기도 했다고 전해진다.[88]

궤양과 같이 이러한 전쟁방식은 치명적이지는 않지만 상대방으로 하여금 주의를 산만하게 하고 결코 가라앉지 않는 갉아먹는 고통을 가한다. 일본 제국 해군이 솔로몬 제도에 간 후 미국이 솔로몬 제도에서 싸우기로 한 결정 역시 우발상황에 의한 전쟁으로 간주된다. 일본은 솔로몬에서 손실을 감당할 여력이 없었던 반면 미국은 태평양에서 문제를 일으킬 공간이 필요했다. 또한 미군은 병력을 본국으로 소집하고 공장에서는 공세작전을 위한 충분한 전쟁 물자를 제조했다. 일본 역시 이와 같은 궤양을 경험했다. 전략적 단계의 지도자들은 적대세력의 의지와 자원을 약화시키면서 주요 전역에 대한 압박을 완화시키면서 적에게 궤양을 가할 위치와 방법을 고안해야 한다.

오래된 생각을 새롭게 하다: 접근 및 지역 거부

미국 내 전략을 연구하는 커뮤니티는 오래된 현상에 새로운 이름을 붙이고 그 현상을 과거에는 전혀 볼 수 없었던 것으로 발표하는 경향이 있다. 예를 들어, 학계와 언론은 데이비드 페트레이어스(David Petraeus) 장군이 이라크에 대한 새로운 반군 전략을 개척했다고 칭송한 바 있다. 문제는 그가 야전 교범을 통해 새롭게 제시한 이른바 통찰력 있는 내용이 1940년대 미 해병대가 반란전에 대한 기존 이론들과 함께 한 세기가 넘는 기간 동안 미군이 경험한 비정규전에 대해 정리한 **소규모 전쟁 매뉴얼**(Small Wars Manual)을 떠오르게 한다는 점이다.[89] 이는 잘 잊어버리는 미국인의 성향을 잘 보여주는 한 사례이다.

이는 다시금 생각해보아야 하는 문제이다. 군사적 문제에 있어서 태양 아래 완전히 새로운 개념은 거의 없다. 과거의 경험과 교훈을 잊고 다시금 상기해야만 하는 해군은 과거를 연구하고 이로부터 통찰력을 도출하고자 노력하는 경쟁자들에 비해 지적으로 스스로 움츠러들 수밖에 없다. 재발견의 과정은 노력과 시간의 낭비가 요구되기 때문이다.

최근 "접근 거부"와 "지역 거부" 전략과 이와 관련된 무기체계에 대한 논쟁이 활발하다. 접근 거부라는 개념은 과거 "해상 거부"로부터 내려온 오래된 개념이다. 첨단기술은 접근과 지역 거부의 개념 아래 오래된 전략에 새로운 생명을 불어넣었다. 오늘날 지역 내 적대국들이 일반적으로 사용하는 이러한 전략은 두 가지 목표를 가지고 있다. 첫째, 그들은 외부의 적이 접근을 차단하고자 하는 지역으로 진입하는 것을 완전히 차단하는 방안을 선호한다. 그들은 키신저의 억제 논리를 활용하여 이를 실행할 수도 있다. 이동 금지 구역 전체에 걸쳐 효과적으로 공격할 수 있는 능력을 보여줌과 동시에 진입하려는 선박을 강타하는 것이 억제의 목표이다. 만약 다른 국가들의 지도부가 손상되거나 침몰한 선박, 부상당하거나 익사한 선원과 같은 큰 대가를 치러야 할 만큼 자신들의 목표를 원하지 않는 경우 이러한 접근 거부지역에 침입하려는 시도를 중단할 것이다. 억제는 개입에 대해 적의 손익계산에 영향을 미침으로써 그 목적을 달성한다.

또한 두 번째 접근 거부 방어는 억제 위협을 실행할 수 있을 만큼 강력해야 하며, 이러한 위협에 저항하고 진입하는 데 드는 대가를 무릅쓰는 상대방의 진입 속도를 늦출 수 있어야 한다. 이러한 경우 방자가 원하는 것은 시간이다. 공격을 함으로써 적의 함대를 약화시키고 진격을 저지할 수 있으며, 이를 통해 방자는 적이 도달하기 전에 전역에서 목표한 바를 달성할 수 있는 충분한 시간을 벌 수 있다. 적군이 뒤늦게 반접근 방어를 돌파하더라도 방자는 이미 그 전에 이러한 방어체계를 공고히 할 수 있는 충분한 시간이 있었을 것이다. 즉 방자는 만약 공자가 접근을 시도한다면 극한의 비용과 위험을 감수해야만 역전할 수 있는 여건을 조성한 것이다. 손익계산을 한다면 이러한 무모한 행동 방책을 선택하지는 않을 것이다.

일본 전략가들은 항공 시대에 대한 접근 거부라는 개념을 개척하였다. 1907년 일본 제국 해군은 미국을 향후 예상되는 적으로 지정하였다.[90] 일본의 정책 기획자들은 태평양 섬에 전투기를 배치하고 인접 해역 내 잠수함 배치를 구상했다. 하와이나 미국 서부 해안으로부터 필리핀 제도나 다른 포위된 지역에 이르는 전방에 배치된 전력들은 미국의 태평양 함대를 저격할 용도였다. 일본 전략가들은 단편적인 공격만으로 완전한 승리를 거둘 수 있다고 기대하지 않았다. 그러나 그들은 이를 통해 적에게 피해를 입히고 지치게 만들 수는 있을 것으로 예상했다. 서태평양 내에서 치르게 될 결정적 전투의 서막으로서 이와 같이 규모는 작지만 반복적인 공격은 전력 수준의 차이가 나는 함대 간 승리확률을 균등하게 만들 것이다.

다시 말해, 접근 거부는 적극적 방어의 한 형태이자 약자가 강자를 상대로 등등하게 경쟁할 수 있도록 한다. 이를 통해 약자는 강자의 규모를 축소시키면서 저지할 수 있으며 종국에 승리할 수 있는 높은 확률을 가지고 전쟁에 임할 수 있다. 방자는 함대의 크기를 조정하기 위해 (제2장에서 검토한 바와 같이) 머핸의 "광범위한 공식"을 재활용할 수 있다. **즉 해안 기반의 화력 지원하에 운용되는 전투함대는 해상에서 조우할 가능성이 큰 함대들 중 가장 규모가 큰 군과 싸워서 승리할 수 있을 정도로 충분히 커야 한다.** 미 해군과 합동군은 공군과 전략 미사일 전력의 지원을 받는 적대 세력의 함대와 맞붙게 될 확률이 매우 높다. 반접근 전략을 펼치는 적의 해양, 미사일 및 방어전력은 미국과 동맹군이 유라시아 해역과 상공에서 그들의 목표를 달성할 수 있을 만큼 충분히 강력한지 여부를 측정할 수 있는 척도가 된다.

간단히 말해서 접근 거부는 침입하고자 하는 모든 상대를 막을 수 있는 벽을 세우는 개념이 아니다.[91] 이러한 기준은 중국의 만리장성조차 충족하지 못한다. 만리장성은 중앙아시아 유목민의 공격을 무디게 하고 특정 방향으로 유도하여 성을 돌파한 후 성벽 뒤에 위치하고 있던 기동군이 돌격하여 그들을 패배시킬 수 있도록 하는 것이 건축가들이 의도한 목적이었다.[92] 즉 접근 거부는 적의 공격을 잘 견뎌내어 방자가 가장 중요하게 생각하는 전장 깊숙이 위치한 접근 금지 지역 안까지 이러한 영향이 미치지 않도록 하는 개념이다. 예를 들어, 중국군이 대만을 정복하는 데 수일의 기간이 필요하고 며칠 또는 그 이상의 기간 동안 미국의 개입을 늦출 수 있다면 중국은 접근 거부의 목표를 달성한 것이다. 축구 용어를 빌리자면 접근 거부는 "구부러지지만 깨지지 않는" 방어와도 같다.[93] 그리고 이는 근해에서 활동하는 강한 외부세력을 상대로 상황을 보다 유리하게 만들 수 있는 약자가 취할 수 있는 방어의 한 방식이다.

요컨대 접근을 차단하는 개념은 그리 새롭지 않다.[94] 약 100여 년 전 머핸은 장거리 정밀유도무기의 출현과 함께 처음으로 고유한 전투 방식을 발견했다. 이것이 소위 "요새함대"였으며, 이는 접근 거부의 일부를 구성한다.[95] 머핸은 1904-5년 러일 전쟁 중 러시아 태평양 함대를 보호하기 위해 중국 랴오둥 반도에 위치한 여순항에 주둔시키는 관행에 대해 비판의 목소리를 높였다. 표면상 러시아 태평양 함대의 임무는 근해를 방어하는 것이었지만 실제로는 요새 내에 주둔하며 흡사 휴식을 취하고 있는 것과 같았다. 머핸은 전함을 요새함대로 운용하는 것을 "근본적으로 잘못된" 방식이라고 설명했다. 해안 포병의 사거리 내에 대피하는 것은 전함의 행동 반경을 제한하는 동시에 군 지휘관으로 하여금 소심함과 방어 위주로 생각할 수밖에 없게 만든다. 1904-5년 사이 대포의 고작 몇 마일에 불과했다. 요새를 중심으로 지도에 원을 그리면 요새함대의 작전반경이 표시되는데, 이는 참으로 비좁은 해역이 아닐 수 없다.

머핸의 생각은 그의 시대에는 옳았으나 그의 비판은 개념상의 결함이라기보다 군사 기술의 성숙도에 달려 있었다. 러일 전쟁 중에는 당시 기술적 한계로 인해 포와 사격 통제를 위한 장거리 화력 지원의 개념을 실용화할 수 없었다. 그러나 이러한 개념 자체는 합리적이다. 만약 당시 여순항에 위치한 함포가 극적인 해전이 발생하였던 황해와 대한해협 전역에 걸쳐 일본 함대를 대상으로 충분한 사거리와 명중률을 가지고 있다고 가정해보자. 이와 같은 가정을 현시점에 비추어보면 적절한 유추라 할 수 있다. 명중률이 높은 해안포는 전투 전역에 걸쳐 도고 헤이하치로(Togo Heihachiro) 제독의 뛰어난 함대를 상대로 러시아 함대를 보호할 수 있었을 것이며, 더 나아가 그 이후 일어날 일들도 쉽게 짐작할 수 있었을 것이다. 러시아의 화력 지원의 명중률이 고작 몇 마일이 아닌 몇백 마일에 이르렀다면 상트페테르부르크의 상황은 훨씬 더 나았을 것이다. 이러한 해안포로 인하여 러시아 지휘관들은 요새로부터 엄호를 받으면서도 근해에서 광범위한 작전을 수행할 수 있었을 것이다.

사실상 머핸은 이러한 요새함대(fortess-fleet) 개념을 선호하지 않았으나, 오늘날 이러한 개념은 더 이상 잘못되었거나 결코 현실성이 떨어지지 않는다. 이는 실제로 지역 내 방자의 입장에서 보면 명백하게 합리적인 선택이다. 예를 들어, 중국은 대함 및 대공 미사일 역량을 바탕으로 접근 거부 전략을 수립했다. 중국 인민해방군은 전투 현장에 접근하기도 훨씬 전인 수백 마일 떨어진 해상에서 이동하는 선박을 공격할 수 있는 것으로 알려진 대함 탄도 미사일로 무장한 로켓군을 배치하고 있다. 중국 전략가들이 장거리 화력 지원에 대한 개념을 얻기 위해 러일 전쟁의 사례까지 조사했는지는 알 수 없으나 요새함대에 대한 머핸의 개념이 이를 뒷받침하고 있는 것만은 분명하다.

최근 몇 년간 오래된 개념이 새롭게 재조명되는 사례는 비단 요새함대만은 아니다. 테오필 오브(Theophile Aube) 제독은 머핸의 분신과도 같았다. 프랑스 해군 제독으로 해군 장관을 역임한 그는 영국 왕립해군과 같은 해양강국에 맞서기 위해 19세기 해군전략을 체계화하고 정리한 "청년학파(jeune ecole)"의 창시자였다. 청년학파가 구상한 개념은 일종의 근해 게릴라전이었다. 청년학파의 지지자들은 오브가 프랑스와 같은 이류 해군이 어뢰, 기뢰, 잠수함 및 초계정 등에서 볼 수 있는 비대칭 기술을 활용하여 근해로부터 멀리 떨어진 해양강국을 물리칠 수 있다고 믿었다. 그런 선박들은 가볍고 저렴하면서도 연안해역의 순양함과 전함을 괴롭히는 역할을 충실히 수행할 수 있었다.[96] 이와 같은 특징은 연안 국경을 보호하기만 하면 되는 프랑스와 같은 대륙 강대국의 입장에서 충분한 역량이었다. 청년학파가 주창했던 개념은 강력한 소함대로 구성되었고, 이는 콜벳의 입장에서 여간 성가신 일이 아닐 수 없었다(제2장 참고). 이것이 바로 해양 거부의 핵심이었다.

오브 제독 시대의 이러한 아이디어는 오늘날에 더욱 그 빛을 발한다. 과학기술의 진보는 수상함을 대상으로 큰 타격을 가할 수 있는 무기를 탑재한 잠수함 및 수상함을 가능케 했고, 이러한 과정에서 어뢰 또는 기뢰와 관련된 기술발전의 초기였던 오브 제독 시대에는 결코 구현할 수 없었던 방식으로 청년학파가 제시한 전략을 실행할 수 있게 되었다. 청년학파와 요새함대 개념을 정밀타격 기술과 결합하여 해안 기반의 무기체계와 함께 단거리 미사일과 어뢰로 무장된 함선을 배치한 방자는 오늘날 패권국인 미 해군에 맞설 수 있게 된다.

이를 통해 방자가 성공할 가능성 또한 상당히 높아진다. 이러한 반(反)접근 전략은 방자의 함대 자체가 가진 화력을 보강할 뿐만 아니라 방자의 지역으로 접근하고자 하는 강대국으로 하여금 막대한 비용을 감수하도록 강요한다. 요컨대 해안에 기반을 둔 해양력은 본국으로부터 멀리 떨어져 더 강한 세력에 맞서 싸워야 하는 약자가 취할 수 있는 방법이다. 해안으로부터 화력 지원을 받는 함대의 경우 만약 전투가 화력 지원 사거리 내에서 이루어진다면 상대가 더 강한 함대일지라도 맞서 승리할 가능성이 있기 때문이다. 그리고 워싱턴, 베이징, 모스크바 및 다른 잠재적인 적대국의 전략적 메시지를 바탕으로 판단해 보건대 대부분의 전투는 이러한 양상일 것으로 보인다.

이와 관련하여 시어도어 루스벨트(Theodore Roosevelt) 대통령이 해양 및 육상 기반 해양력의 결합에 대해 마지막으로 언급한 내용을 상기할 가치가 있다. 루스벨트 대통령은 1907년 의회 대상 메시지와 1908년 미 해군참모대학의 "전함 회의" 연설을 통해 대륙과 해양 간의 공생관계에 대해 강조한 바 있다. 그에게 있어 대륙과 해양은 상호 군사력을 강화하는 데 이바지한다. 그는 해안 포수와 소형선박의 승무원들은 해상공격으로부터 항구를 보호하는 책임을 함께 짊어져야 한다고 주장했다. 해안을 방어함으로써 전투함대로 하여금 공해를 순항하는 적과의 전투를 수행할 수 있는 여건을 조성한다. 루스벨트 대통령의 말을 빌리자면 이와 같은 임무 분업을 통해 함대는 "적의 함대를 탐색하고 파괴"하는 임무로부터 벗어나 "자유롭게 항해"하는 것이 가능해졌다. 루스벨트 대통령은 파괴하는 임무야말로 "함대의 존재를 정당화할 수 있는 유일한 기능"이라고 선언했다.[97]

루스벨트 대통령이 강조한 해안 포병과 경전함과 같이 충분히 밀집된 연안 방어선은 오늘날 수상 함대의 보다 자유로운 활동을 가능케 한다. 그리고 이것이 바로 오래된 전략적 개념을 새롭게 재조명하는 전략가들이 추구하는 궁극적인 목표이다. 지역 강대국들은 주로 요새함대와 청년학파 플랫폼을 바탕으로 그들의 수상함이 원해상에서 원정작전을 수행해야 하는 임무에서 해방시킴으로써 본토와 인근 지역을 보호할 수 있었다. 해양력은 더 이상 전함만의 문제가 아니다. 이는 합동군이 지도상의 분쟁지역에 전력을 투사할 수 있느냐에 문제이다. 따라서 전략가들

역시 합동군의 시각에서 고민해야 할 것이다.[98]

마키아벨리의 경고: 문화적 측면에 보다 관심을 가져라

전략가들과 해군 장교, 부사관 및 군무원은 이 책에 나오는 모든 개념과 아이디어를 이해하고 숙달하고자 끊임없이 노력해야 한다. 마키아벨리는 이에 더해 미래 전투를 위해 준비태세를 갖추는 것이 작전적 그리고 전략적 목표를 달성하기 위하여 새로운 기술을 발전시키는 것만큼이나 문화적 과제라고 덧붙였다. 이는 새로운 시대에 걸맞은 해군 문화를 재정비하는 것을 뜻한다. 시대는 항상 새롭게 변화하기 때문에 이것은 끝이 없는 작업이다. 결과적으로 해양전략을 수행함에 있어 결코 끝은 없다는 머핸 제독의 훈계를 상기해 볼 가치가 있다. 정부는 전시나 평시 모두 해양전략을 수행해야만 한다. 평시 전략가들의 임무는 상업, 외교 그리고 해군력 간의 선순환을 시작하고 유지시킴으로써 해양력의 요소들을 축적하고 관리하는 것이다. 이는 해군과 군의 영역에서 이는 장비와 무기체계를 구축하고 유지하며 프로그램을 관리하고 군내 일상적인 임무를 위한 수많은 작업을 수행하는 부분과 관련이 깊다. 해군력이 꺾이지 않고 증강될 수 있도록 "공급망"을 유지해야만 한다(제1장과 제2장 참고). 그리고 여기에는 전문가들이 전략과 작전의 물질적 차원에 기여하는 결의와 열정으로 탁월함을 연마하는 노력 또한 포함된다. 평시와 특히 전시 패권에 기여할 수 있는 제도적 문화를 육성하는 것은 전쟁과 같은 노력에서 경쟁하고 승리하는 데 필수적이다.

제도적 문화에 대해 폭넓게 다루는 것은 이 짧은 책에서 다룰 수 있는 범위를 벗어난다. 그럼에도 불구하고 전 제대 지휘관들은 이 책에서 다룬 거장들이 남긴 조언을 마음에 새겨야 한다. 그들은 인간의 본성, 변화의 어려움, 발전하기 위해 이러한 시련을 극복해야 하는 필연성에 대한 마키아벨리의 통찰력에서 영감을 얻어야 한다. 무엇보다도 관습은 기업가 정신의 죽음과도 같다. 사회학자 막스 베버(Max Weber)는 해군, 육군 및 공군과 같은 관료주의적 기관을 기계와 같다고 묘사한다.[99] 표준 규칙 및 절차가 전반적인 군의 운영을 관장하기 때문이다.

그리고 이러한 상황은 베버의 관점에서 볼 때 한 세기 전까지만 해도 바람직한 일이었다. 기계와 마찬가지로 관료기관은 매번 같은 방식으로 일상적인 작업을 반복해서 실행한다. 관료기관은 기계와 같은 효율성을 바탕으로 표준 레퍼토리를 수행한다. 따라서 관료적 관행은 일상적인 업무를 효율적으로 수행하는 사람들에게는 보상을 그렇지 않은 사람들은 처벌한다. 승진, 상 그리고 보너스가 원활하게 작동하는 톱니바퀴에 윤활유 같은 역할을 수행한다.

그러나 이러한 점에 대해 다시 한 번 생각해보자. 현대 문명사회에서 기계는 놀라운 역할을 수행해왔지만 일상적으로 반복되는 작업의 범위를 넘어서는 업무를 스스로 만들어내지 못하는 한계가 있다. 베트남에서 민군사령부를 관장하면서 미군과 함께 복무했던 로버트 코머(Robert Komer)는 미 육군이 세계대전과 한국전쟁을 통해 전쟁을 수행하는 미 육군의 방식을 만들어갔다고 주장한다. 미 육군 장교는 전통적인 전장에서 전쟁을 수행하는 방식에 익숙해졌다. 그 결과 재래식 전쟁을 수행하는 방식은 자연스럽게 미 육군 교리와 체계에 녹아들었다. 인도차이나 반도에 배치된 군인들은 재래식 전쟁을 예상하였고 실제로도 재래식 전쟁을 수행하고자 하였다.[100] 미 육군 장교로 복무했던 앤드루 크레피네비치(Andrew Krepinevich)는 베트남 전쟁 당시 미 육군이 일종의 고정된 전쟁 "개념"을 투영하고자 하였고, 이를 바탕으로 반군 전쟁의 현실을 기존의 고정관념에 끼워 맞추려 했다는 데 동의한다.[101]

현실은 미 육군의 생각대로 흘러가지 않았다. 관료적 기계와 같았던 군 조직은 군 지도부가 기획한 대로 움직이고자 하였고 그 결과는 참담했다. 미 해군 역시 예외가 아니었다. 대부분은 규모가 큰 조직들은 기존의 판단과 관행을 그대로 시행하는 경향이 짙다. 해군 지도자들은 어떻게 하면 이러한 경향에서 탈피할 수 있을까? 우선 이러한 경향이 존재한다는 것을 이해해야 한다. 문제를 해결하는 첫 단계는 문제가 있다는 것을 인정하는 데에서 출발한다. 그 다음 단계는 "악마의 변호사(devil's advocates)"를 임명하여 반대 입장을 취할 수 있는 권한을 부여하는 것이다. 중세 카톨릭교회는 성인(聖人)을 추대할 때 후보자의 결함을 찾아내는 변호사를 지정하였다. 교부들은 이러한 변호사들에게 시성에 반대하는 최선의 주장을 펼칠 것을 간청했다. 그들이 가지고 있는 모든 범위의 장점과 단점을 펼쳐 보임으로써 그들의 사고를 날카롭게 하고 관습에 반하여 건전한 결정을 내릴 수 있는 가능성을 높였다.

심리학자 어빙 재니스(Irving Janis)는 과거 악마의 변호사 개념을 현재에 맞게 발전시키고, 이를 조직의 "집단사고"에 대한 가장 좋은 해독제로 처방한다. 집단사고란 조직 내 제안된 어떤 아이디어나 행동에 대해 반대하는 이들에게 압력을 가하는 과정이라 할 수 있다. 사회적 압력은 반대하는 사람들이 조직에 동의하거나 침묵하도록 유도한다. 그리고 이는 조직의 창의성을 방해한다. 이러한 집단 사고에 맞서기 위해 재니스는 지도자들에게 모든 팀에 자유롭게 생각하고 의견을 제시할 수 있는 인원을 배치하고 독창성과 신중함을 바탕으로 관습에 맞서는 만큼 평가와 경력에 반영하도록 조언한다.[102] 현명한 해군 지도자들이라면 이러한 재니스의 조언에 귀를 기울여야 할 것이다.

둘째, 자명한 격언을 버려라. 모든 교리는 잠정적이어야 하며 시대와 환경에 따라 언제든 변화할 수 있다는 점을 명심해야 한다. 앞에서 언급했듯이 콜벳은 당시 영국 왕립해군을 사로잡았던 "전투 신념"에 대해 비꼬아 비판하기도 했다. 그는 "오래된 격언이 판단을 대신하는 것을 허용할 만큼 전쟁 연구에서 위험한 것은 없다"고 주장했다.[103] 이와 같은 상황은 영국만의 문제가 아니다. 20세기 위대한 미국 전략가 버나드 브로디(Bernard Brodie)는 제1차 세계대전 이전 몇 년간 서방 전역의 군인들을 고리타분한 격언의 노예로 만들었다고 주장한다. 한 예로 프랑스 장군들은 "화력에 맞서는 병력", 즉 고정된 요새에 맞서 보병을 정렬시키고 만약 전 계급에 걸쳐 전투의지를 고취시킬 수 있다면 승리할 수 있다고 스스로 믿었다.[104] 그리고 그 결과는 비참했다. 해군 지휘관들은 자명, 격언 또는 신조를 통해 생각하는 경향을 경계해야 한다. 이는 그들의 중요한 능력을 무장해제 시킬 수 있기 때문이다. 해군에 대한 고정된 시각을 가지고 있을 경우 변화하는 시대에 따라 적응하는데 어려울 수 있다. 이는 해양전략의 건전한 수립과 실행에 영향을 줄 것이다.

셋째, 전쟁에서 크게 승리할 경우 빠질 우려가 있는 함정에 대해 늘 경계해야 한다. 큰 승리를 거둔 경우 이에 도취되어 승리자는 지적 또는 물질적 측면에서 예리한 상태를 유지하고자 하는 동기를 유지하기 어렵다. 1790년 아일랜드 더블린 출신의 영국의 정치가 에드먼드 버크(Edmund Burke)는 "고난은 가혹한 스승이다 …

이는 우리의 신경을 강화하고 우리의 기술을 예리하게 만든다. 이러한 의미에서 어려움은 우리의 적이자 조력자와 같은 존재이다. 우호적인 경쟁은 우리가 주어진 목표를 잘 인식하여 모든 측면에서 이를 고려하도록 한다. 즉 우리가 피상적으로 대응하도록 가만두지 않는 것이다"라고 말했다.[105]

역사가 앤드류 고든(Andrew Gordon)은 1805년 트라팔가르 해전(Battle of Trafalgar)에서 영국 왕립해군이 프랑스-스페인 연합함대를 무찌르고 대승을 거둔 과정을 기록한다. 해전 이후 그 어느 국가도 19세기 세력 균형을 위한 영국의 제해권에 감히 도전하지 못했으며 영국 해군은 주로 치안활동에 전념했다. 트라팔가르 해전은 당시 영국 왕립해군의 가장 강력한 상대인 프랑스 해군을 제거함으로써 그 과정에서 영국 왕립해군 지도부가 그들의 전략, 작전 및 함대 설계를 구상함에 있어 주요 초점을 잃어버렸다는 예상치 못한 결과를 가져왔다. 영국 왕립해군의 지도자들은 그들이 긴장을 늦추지 않도록 하는 대등한 적의 존재가 없다는 상황에 점차 익숙해졌다. 그들은 전술과 행정 업무의 통제를 중앙 집권화하고자 하는 유혹에 굴복했던 것이다. 고위 지도부는 함대 기동을 비롯한 기타 다른 업무에 대해 세세하게 관여하기 시작했다. 이는 선장과 하급 선원들에게 과감하게 지휘할 수 있는 자유를 부여하여 창의성을 발휘하는 기회를 박탈함으로써 최고 사령관은 해군장교 집단 내 기업가 정신을 말살시킨 것과 다름없는 결과를 낳았다.

요약하면 트라팔가르 교전 중 프랑스 측 총탄에 저격되었음에도 불구하고 지휘를 감행했던 넬슨과 같이 결의에 가득 찼던 영국 왕립해군은 이후 20세기에 접어들면서 진취적인 독일 제국 해군 대양함대의 도전에 대비하지 못한 채 통제가 불가능한 괴물과 같은 세력으로 변모하였다. 이와 같이 나쁜 습관은 1916년 유틀란트 해전(Battle of Jutland)을 비롯한 다른 교전에서 긴요했던 영국의 전술적 예리함을 둔하게 만들었다.[106]

고든은 트라팔가르 해전의 영향을 두고 놀라운 승리의 "장기간의 고요한 쉼터(lee)"라고 표현한다.[107] 그의 이러한 묘사는 적절한 것으로 보인다. 여기서 고든이 표현한 쉼터란 배, 육지 또는 다른 어떤 물체가 불어오는 바람을 막아 보호하는 것을 의미한다. 이러한 물체는 바람 그리고 바람과 함께 날아올 수 있는 부수적인 요소를 차단하여 그 물체 주변의 날씨를 다른 지역에 비해 더 조용하게 만든다. 이러한 쉼터는 잠시 현실로부터 벗어나 그 안에 있는 난민들을 보호하는 역할을 수행한다. 쉼터가 장기간 지속되면 주민들은 날씨가 항상 잔잔하다고 느끼는 것이다. 잔잔한 바다를 항해하는 선원들은 분노에 가득 찬 바다와 하늘을 상대로 대처하는 데 필요한 해군정신과 함께 정신적 우위를 잃는다.

트라팔가르 해전이 바로 그런 영향을 미쳤다. 전쟁에서 큰 승리를 거두는 것은 장기간에 걸쳐 위협을 근절함으로써 장교들과 관료들로 하여금 향후 동일한 수준의 적대국이나 위험한 전투는 더 이상 발생하지 않을 것이라 믿게 하는 것이다. 그리고 이들은 만약 이러한 경우가 발생하지 않는다면 다른 곳에 쓰일 수 있는 노력과 유한한 자원을 왜 낭비해야 하는지에 대한 의문을 품지 않을 수 없다. 오랜 기간 동안 지속된 이러한 잔잔한 쉼터는 미 해군으로 하여금 때때로 안주하도록 만들었다. 하버드 대학교의 새뮤얼 헌팅턴(Samuel Huntington) 교수는 제2차 세계대전에서 추축국의 해군이 침몰하면서 전략적으로 방향타가 없는 상태가 되었다고 지적한다. 적들이 바다 밑바닥에 흩어져 있는 지금 그 거대한 함대는 명백한 목적이나 방향성 없이 "고독한 화려함 속에" 떠 있었다. 미 해군은 의회 앞에서 자신의 존재를 정당화하고 미래 비상사태에 대한 계획의 방향성을 잡아줄 전략적 개념이 필요했다.[108]

최근 미 해군 지도부는 탈냉전 시대를 위한 전략을 발전시키기 위해 "…해양으로부터: 21세기를 위한 미 해군 준비(From the Sea: Preparing the Naval Service for the 21st Century)"(1992)라는 제목의 행정명령을 발표했다. 먼저 미 해군 지도부는 이러한 문서를 통해 직접적인 언급은 하지 않았으나 해군의 역사는 끝났음을 선언했다.[109] 더 이상 전쟁을 치를 소련 해군과 새로운 경쟁자가 없는 상황에서 미국의 해군과 해병대는 "근본적으로 다른 군"으로 변신할 수 있는 여유가 있다.[110] 그들은 그 누구도 미국의 제해권에 이의를 제기하지 않을 것이라고 가정할 수 있는 것이다. 바다는 이제 미 원정군이 해안으로 전력을 투사하고 인도적 지원을 제공하며 다른 가치 있는 임무를 수행할 수 있는 일종의 성역이다. 전투는 이제 끝이 났다(Battle was passé).

다시 말해, "해양으로부터: 21세기를 위한 미 해군 준비"는 미국과 연합군이 싸우지 않고도 해상 지휘권을 이용할 수 있다고 선언했다. 이러한 해상에서 역사의 종말은 그들의 첫 번째이자 가장 중요한 임무, 즉 대규모 전투를 준비하거나 수행하는 것을 중단시켰다. 지휘부로부터 강력한 임무를 맡게 된 해군은 이를 시행하기 시작했다. 즉 냉전 시기 장기간에 걸친 쉼터와 같은 시기를 거쳐 쇠약해진 전투에 필요한 교육, 훈련 그리고 체계를 적대국의 해군에 맞서 정비하는 것이다.

거짓된 고요함은 현실을 가리기 마련이다. 고요한 시기가 지난 이후 현실은 다시금 나름의 방식으로 그 모습을 드러내고 있다. 이러한 급격한 변화는 궂은 날씨에 새롭게 노출된 사람들을 혼란스럽게 한다. 미 해군은 냉전 이후의 침체에서 벗어나 역사의 귀환에 대처하기 위해 고군분투하고 있다. 이는 중국, 러시아 및 지역 또는 글로벌 강대국으로 편입하고자 하는 기타 국가로부터 강대국 간 경쟁의 형태로 나타난다.

해군은 직업에 대한 객관적인 견해를 유지했다면 그러한 고난을 피할 수 있었을 것이다. 강대국 경쟁으로부터 잠시 벗어날 수 있었던 시기는 당연히 환영할 만한 일이었으나 그럼에도 불구하고 군은 전쟁이 영원히 멈췄다고 착각에 빠져서는 안 될 일이다. 새로운 경쟁자는 항상 나타나기 마련이며 이와 동시에 경쟁은 언제든 재개될 수 있기 때문이다. 이것은 모든 일의 본질이다. 군 지휘관들은 이제 함대와 더불어 미 해군 전반에 걸쳐 팽배한 문화에 대해서도 점검하고자 한다. 이러한 과정은 결코 성공이 예견되지 않은 여정이다. 승리의 여운을 만끽하는 것과 승리가 영원하다고 선언하는 것은 별개이다.

마지막으로 무엇보다도 건전한 제도적 문화는 오만함을 거부한다. 고대인들은 이미 이러한 오만함에 대해 경고한 바 있다. 오만함의 결과는 신, 운명 또는 섭리로부터 형벌이었다.[111] 성경이 일러주듯이 교만은 패망의 선봉이다. 수년 또는 수십 년 동안 최고의 위치에서 통치한 세력이 패권을 타고난 권리라 믿고 새로운 도전자를 폄하하는 것은 너무나 쉽다.

예를 들어, 수십 년에 걸쳐 미 해군은 1920년대와 1930년대 해군참모대학에서 실시한 워게임 결과에 대해 자축해왔다. 이에 대해 니미츠 제독은 실제로 워게임의 결과가 제2차 세계대전 이후 일본의 가미카제(kamikaze)를 제외한 태평양 전역에서 일어난 모든 일을 예견했다고 언급하곤 했다.[112]

그리고 전후 세대는 충분히 찬사를 받을 자격이 있다. 그럼에도 불구하고 군은 많은 측면에서 일본 제국 해군에 맞서 오만함의 희생양이 되었다. 당시 미 해군 장교들은 일본의 무기 공학자들이 진주만의 얕은 유역에서 주력함을 공격할 수 있는 어뢰를 만들어낼 수 있다는 사실을 상상도 할 수 없었다. 그러나 실제로 일본은 장창 어뢰의 형태로 이를 제작하였다.

왜 강력한 적수를 폄하하는가? 소설가 어니스트 헤밍웨이(Ernest Hemingway)는 미 해군이 1905년 쓰시마 해협에서 일본이 러시아 발트함대를 격멸함으로써 냉전시기 소련의 해군이 다시금 전성기를 맞이하기까지 극동지역 내 러시아의 해군력을 완전히 말살시켰다는 사실을 잊었다고 주장한다. 당시 미국 내에서는 일본 제국은 "만만한 상대"라는 의견이 지배적이었다. 헤밍웨이는 만약 전투가 시작된다면 "순양함 1개 사단과 항공모함 두 대가 도쿄를 박살낼 수 있다"거나 "요코하마 역시 마찬가지이다"라는 생각이 미 해군 내 팽배했다고 당시 분위기를 요약했다.[113]

일본이 주도권을 잡고 진주만을 공격할 것이라고는 그 누구도 상상하지 못했다. 즉 오만함은 미래를 미리 내다보고 대비하려는 노력마저도 과감히 희미하게 만들었다. 군복을 입고 있는 동안 전략과 역사를 공부하는 것은 이와 같이 상대를 가벼이 여기지 않도록 만들어 줄 것이다. 상대를 인식하고 존중하는 것이 전략적 지혜의 시작이다. 이러한 노력이 없다면 해양전략은 흔들리기 쉬울 것이다.

Notes

머리말: 평생의 업

1. Former secretary of the Navy John Lehman relays the quotation. John F. Lehman, *Command of the Seas* (1988; repr., Annapolis, Md.: Naval Institute Press, 2001), 25.
2. Hughes' treatise is now in its third edition. Wayne Hughes, *Fleet Tactics and Naval Operations*, 3rd ed. (Annapolis, Md.: Naval Institute Press, 2018).
3. John B. Hattendorf and Lynn C. Hattendorf, *A Bibliography of the Works of Alfred Thayer Mahan* (Newport, R.I.: Naval War College Press, 1986).
4. Carl von Clausewitz, *On War*, trans. Michael Howard and Peter Paret (Princeton, N.J.: Princeton University Press, 1976), 141.
5. Clausewitz, 141.

제 1 장 해양력은 어떻게 발전시킬 수 있을까

1. Probably the best biography of Mahan comes from Robert Seager, who also coedited his letters and papers. See Robert Seager II, *Alfred Thayer Mahan: The Man and His Letters* (Annapolis, Md.: Naval Institute Press, 1977).
2. Such religious imagery is commonplace when discussing Mahan, who hoped to summon forth American society's seafaring spirit. He was dubbed an evangelist and a Copernicus among many other monikers. Margaret Sprout, "Mahan: Evangelist of Sea Power," in *Makers of Modern Strategy*, ed. Edward Mead Earle (Princeton, N.J.: Princeton University Press, 1986), 415-45.
3. Alfred Thayer Mahan, *The Influence of Sea Power upon History*, 1660-1783

(1890; repr., New York: Dover, 1987), 138.
4. Alfred Thayer Mahan, *The Problem of Asia* (Boston: Little, Brown, 1900), 29-30, 33.
5. Alfred Thayer Mahan, *Retrospect & Prospect: Studies in International Relations, Naval and Political* (Boston: Little, Brown, 1902), 246.
6. Mahan, 246.
7. Mahan, 246.
8. Robert B. Strassler, ed., *The Landmark Thucydides*, intro. Victor Davis Hanson (New York: Touchstone, 1996), 46.
9. Strassler, 81-82.
10. Mahan, *Influence of Sea Power upon History*, 25, 138.
11. "A Tour of New England's Uncommon Town Commons," New England Historical Society, accessed July 10, 2018, http://www.newenglandhistoricalsociety.com/tour-new-englands-uncommon-town-commons/.
12. Max Weber, *Politics as a Vocation* (New York: Oxford University Press, 1946), 3.
13. Hugo Grotius, *The Freedom of the Seas*, trans. Ralph Van Deman Magoffin, intro. James Brown Scott (New York: Oxford University Press, 1916).
14. John Selden, *On the Dominion, Or, Ownership of the Sea, Two Books* (London: Council of State, 1652), https://archive.org/details/ofdominionorowne00seld.The quotation comes from the cover page of the book and has been updated slightly for modern readers.
15. "President Woodrow Wilson's Fourteen Points," January 8, 1918, Yale Law School Avalon Project Web site, http://avalon.law.yale.edu/20th_Century/wilson14.asp. For an exhaustive look at the topic, see James Kraska and Raul Pedrozo, *The Free Sea: The American Fight for Freedom of Navigation* (Annapolis, Md.: Naval Institute Press, 2018).
16. Tommy T. B. Koh, "A Constitution for the Oceans," UN Web site, https://www.un.org/Depts/los/convention_agreements/texts/koh_english.pdf. The full text of the law of the sea—must reading for any maritime strategist—is found on the UN Web site at https://www.un.org/Depts/los/convention_agreements/texts/unclos/closindx.htm. The ensuing discussion of the convention draws on this text.
17. UN Convention on the Law of the Sea, UN Web site, https://www.un.org/Depts/los/convention_agreements/texts/unclos/closindx.htm.
18. International Maritime Organization, "Convention for the Suppression of

Unlawful Acts Against the Safety of Maritime Navigation, Protocol for the Suppression of Unlawful Acts Against the Safety of Fixed Platforms Located on the Continental Shelf," IMO Web site, accessed July 10, 2018, http://www.imo.org/en/About/Conventions/ListOfConventions/Pages/SUA-Treaties.aspx.

19. U.S. State Department, "Maritime Security and Navigation," U.S. State Department Website, https://www.state.gov/e/oes/ocns/opa/maritimesecurity/.
20. People's Republic of China, "CML/17/2009," document submitted by the People's Republic of China to the United Nations Commission on the Limits of the Continental Shelf, May 7, 2009, UN Web site, http://www.un.org/depts/los/clcs_new/submissions_files/mysvnm33_09/chn_2009re_mys_vnm_e.pdf; and John Pomfret, "Beijing Claims 'Indisputable Sovereignty' over South China Sea," *Washington Post*, July 31, 2010,http://www.washingtonpost.com/wp-dyn/content/article/2010/07/30/AR2010073005664.html?noredirect=on. See also "China Deploys Missiles in South China Sea, Says It Has 'Indisputable Sovereignty," Times of India, May 3, 2018, http://timesofindia.indiatimes.com/articleshow/64016130.cms?utm_source=contentofinterest&utm_medium=text&utm_campaign=cppst. The language mariners use to describe their endeavors is important. Chinese officialdom hastens to assure seafaring governments that it has no desire to interfere with "freedom of navigation." But Beijing interprets freedom of navigation as the freedom to pass through regional waters-and do nothing else while in transit. In other words, it insists that shipping comply with the rules of innocent passage. Mariners should stress that their governments abide by the doctrine of freedom of the sea and insist on all of their rights under UNCLOS.
21. Dexter Perkins, *A History of the Monroe Doctrine* (Boston: Little, Brown, 1963).
22. Article 21 acknowledges the Monroe Doctrine. "Treaty of Peace with Germany (Treaty of Versailles)," 1919, Library of Congress Web site, https://www.loc.gov/law/help/us-treaties/bevans/m-ust000002-0043.pdf.
23. Geoffrey Till, *Seapower*, 3rd ed. (London: Routledge, 2013), 5-22.
24. Till, 14-17.
25. Edward N. Luttwak, *The Political Uses of Sea Power* (Baltimore: Johns Hopkins University Press, 1974), 6, 11, 14-15.
26. Koh, "A Constitution for the Oceans."
27. UN Convention on the Law of the Sea, parts V and XI, UN Web site,

http://www.un.org/Depts/los/convention_agreements/texts/unclos/closindx.htm.
28. See, for instance, Peter J. Dutton, "Carving Up the East China Sea," *Naval War College Review* 60, no. 2 (Spring 2007): 45-68.
29. Till, *Seapower*, 282-317.
30. Robert D. Kaplan, *Monsoon: The Indian Ocean and the Future of American Power* (New York: Random House, 2011).
31. The name dates to the nineteenth century but has taken on new currency with the rise of China and India to maritime power. Rory Medcalf, "The Indo-Pacific: What's in a Name?" *American Interest* 9, no. 2 (October 10, 2013), https://www.the-american-interest.com/2013/10/10/the-indo-pacific-whats-in-a-name/.
32. Alfred Thayer Mahan, *The Gulf and Inland Waters* (New York: Scribner, 1883).
33. Kemp Tolley, *Yangtze Patrol: The U.S. Navy in China* (Annapolis, Md.: Naval Institute Press, 1971).
34. Mahan, *Influence of Sea Power upon History*, 44.
35. Mahan, 44.
36. James Stavridis, *Sea Power: The History and Geopolitics of the World's Oceans* (New York: Penguin, 2017), 4.
37. James R. Holmes, "I Served Aboard One of the Last U.S. Navy Battleships. And It Changed My Life," *National Interest*, June 22, 2018, https://nationalinterest.org/blog/the-buzz/i-served-aboard-one-the-last-us-navy-battleships-it-changed-26392.
38. Stavridis, *Sea Power*, 4.
39. Alfred Thayer Mahan, *The Interest of America in Sea Power, Present and Future* (Boston: Little, Brown, 1897), 41-42.
40. "Navigational Mathematics," American Mathematical Society Web site, accessed June 28, 2018, http://www.ams.org/publicoutreach/feature-column/fcarc-navigation3. For much more, see Thomas J. Cutler, *Dutton's NauticalNavigation*, 15th ed. (Annapolis, Md.: Naval Institute Press, 2003).
41. Julian S. Corbett, *Some Principles of Maritime Strategy* (1911; repr., Annapolis, Md.: Naval Institute Press, 1988), 262-79.
42. Alfred Thayer Mahan, *The Influence of Sea Power upon the French Revolution and Empire* (Boston: Little, Brown, 1892), 1:123.
43. Corbett, *Some Principles of Maritime Strategy*, 106, 261-65, 276.

44. Krishnadev Calamur, "High Traffic, High Risk in the Strait of Malacca," *Atlantic*, August 21, 2017, https://www.theatlantic.com/international/archive/2017/08/strait-of-malacca-uss-john-mccain/537471/.
45. Mahan, *Interest of America in Sea Power*, 41-42.
46. "The Lighthouse Joke," U.S. Navy Web site, September 2, 2009, http://www.navy.mil/navydata/nav_legacy.asp?id=174.
47. Alfred Thayer Mahan, *Naval Strategy Compared and Contrasted with the Principles and Practice of Military Operations on Land* (Boston: Little, Brown, 1911), 309-10.
48. Mahan, 309-10.
49. Mahan, 309-10.
50. See, for instance, Craig L. Symonds, *World War II at Sea* (Oxford: Oxford University Press, 2018), 403-68.
51. Mahan, *Naval Strategy*, 309-10.
52. Plato, "Apology," trans. Benjamin Jowett, Gutenberg Project, https://ia800401.us.archive.org/0/items/Apology-Socrates/Apology.pdf.
53. J. C. Wylie, *Military Strategy: A General Theory of Power Control* (1967; repr., Annapolis, Md.: Naval Institute Press, 1989), 32.
54. Alfred Thayer Mahan, "The Persian Gulf and International Relations," in Mahan, *Retrospect & Prospect*, 237.
55. Mahan, *Influence of Sea Power upon History*, 70-71.
56. Mahan, *Problem of Asia*, 26, 124.
57. The prominent British historian John Keegan, among others, testified to the impact of Mahan's writings. John Keegan, *The American Civil War* (New York: Knopf, 2009), 272. Mahan's discussion of the six determinants is found in Mahan, *Influence of Sea Power upon History*, 25-89.
58. Mahan, *Influence of Sea Power upon History*, 23.
59. Mahan, 22-23, 29.
60. George W. Baer, *One Hundred Years of Sea Power: The U.S. Navy, 1890-1990* (Stanford, Calif.: Stanford University Press, 1994), 135, 152.
61. "Oregon II (Battleship No. 3)," Naval History and Heritage Command Web site, November 9, 2016, https://www.history.navy.mil/research/histories/ship-histories/danfs/o/oregon-ii.html.
62. This was part of the premise of the 2015 novel *Ghost Fleet*. China launched an all-out assault on Oahu, Hawaii, deliberately wrecking a freighter in the Panama Canal to inhibit U.S. Navy reinforcements in the Atlantic from

steaming to the Pacific Fleet's relief. Nor is this some fanciful scenario. Navy aircraft carrier task forces have practiced raiding the canal since the 1920s. P. W. Singer and August Cole, *Ghost Fleet* (Boston: Houghton Mifflin Harcourt, 2015), 55-57, 135. See also "USS *Saratoga* (CV 3)," U.S. Navy Web site, June 11, 2009, http://www.navy.mil/navydata/nav_legacy.asp?id=12.

63. A team from the Center for Naval Analyses posits that the U.S. Navy is hovering near a "tipping point" beyond which it will no longer be a global force. Too few vessels, aircraft, and armaments will make up the inventory to discharge the missions entrusted to it. Daniel Whiteneck, Michael Price, Neil Jenkins, and Peter Swartz, *The Navy at a Tipping Point: Maritime Dominance at Stake?* (Washington, D.C.: Center for Naval Analyses, March 2010).
64. Mahan, *Influence of Sea Power upon History*, 31-32.
65. For an exhaustive look at Chinese economic and strategic geography, see Toshi Yoshihara and James R. Holmes, *Red Star over the Pacific*, 2nd ed. (Annapolis, Md.: Naval Institute Press, 2018), esp. chapters 2 and 3.
66. Mahan, *Influence of Sea Power upon History*, 33.
67. Mahan, 35.
68. Mahan, 35.
69. Mahan, 35-36.
70. Mahan, 39-40.
71. For much more on "strategic culture," a phrase coined long after the day of Mahan, see Colin S. Gray, *Out of the Wilderness: Prime Time for Strategic Culture*, October 31, 2006, Federation of American Scientists Web site, https://fas.org/irp/agency/dod/dtra/stratcult-out.pdf. Scholar Charles Kupchan defines strategic culture as "the realm of national identity and national self-image." It consists of "images and symbols that shape how a polity understands its relationship between metropolitan security and empire, conceives of its position in the international hierarchy, and perceives the nature and scope of the nation's external ambition. These images and symbols at once *mold public attitudes and become institutionalized and routinized in the structure and process of decision making*....Inasmuch as strategic culture shapes the boundaries of politically legitimate behavior in the realm of foreign policy and affects how elites conceive of the national interest and set strategic priorities, it plays a *crucial role in shaping grand strategy*." Charles Kupchan, The Vulnerability of Empire (Ithaca, N.Y.: Cornell

University Press, 1994), 5-6; my emphasis. In short, history and traditions bequeathed from generation to generation shape the worldviews, habits of mind, and actions of strategic elites and ordinary folk in a society.

72. Mahan, *Influence of Sea Power upon History*, 37.
73. Mahan, 36-37.
74. Jeremy Black, "A British View of the Naval War of 1812," *Naval History* 22, no. 4 (August 2008), https://www.usni.org/magazines/navalhistory/2008-08/british-view-naval-war-1812.
75. Mahan, *Influence of Sea Power upon History*, 43.
76. Mahan, 45.
77. Mahan, 46.
78. Mahan, 49.
79. Mahan, 53.
80. Mahan, 50.
81. Mahan, 50.
82. Mahan, 50-52.
83. Mahan, 55.
84. Mahan, 55.
85. Mahan, 53-55.
86. Mahan, 55-56.
87. Walter A. McDougall, *Promised Land, Crusader State: The American Encounter with the World since 1776* (Boston: Houghton Mifflin, 1997), 8.
88. Mahan, *Influence of Sea Power upon History*, 55-56.
89. Mahan, 83.
90. Suzanne Geisler, *God and Sea Power: The Influence of Religion on Alfred Thayer Mahan* (Annapolis, Md.: Naval Institute Press, 2015), 134-35.
91. See, for instance, Butch Bracknell and James Kraska, "Ending America's 'Sea Blindness,'" *Baltimore Sun*, December 6, 2010, http://articles.baltimoresun.com/2010-12-06/news/bs-ed-sea-treaty-20101206_1_negotiation-strategic-security-american-security.
92. Mahan, *Influence of Sea Power upon the French Revolution and Empire*, 1:118.
93. Mahan retired as a captain but was advanced to rear admiral on the retired list in 1906.
94. Mahan, *Influence of Sea Power upon History*, 82.
95. Mahan, 82.

96. Mahan, 58.
97. Mahan, 58-59.
98. Mahan, 70.
99. Mahan, 69-72.
100. Mahan, 71.
101. Mahan, 71-73.
102. Mahan, 68.
103. Mahan, 68-69.
104. Mahan, 58.
105. Mahan, 62.
106. Wolfgang Wegener, *The Naval Strategy of the World War* (1929; repr., Annapolis, Md.: Naval Institute Press, 1989), 95.
107. Wegener, 96.
108. Mahan, *Influence of Sea Power upon History*, 63.
109. Mahan, 505-42.
110. Mahan, 67.
111. Mahan, 67.
112. Mahan, 67.

제 2 장 해양전략의 선순환을 유지하는 법

1. Alfred Thayer Mahan, *The Influence of Sea Power upon History 1660-1783* (1890; repr., New York: Dover, 1987), 70-71.
2. Mahan, 70-71.
3. "MCPON Visits United States Naval Academy," U.S. Navy Website, March 1, 2012, http://www.navy.mil/submit/display .asp?story_id=65648.
4. Mahan, *Influence of Sea Power upon History*, 28.
5. Mahan, 28.
6. Jean-Paul Rodrigue, "The Geography of Global Supply Chains," *Journal of Supply Chain Management* 48, no. 3 (July 2012): 15-23. See also John-Paul Rodrigue, ed., *The Geography of Transport Systems*, 4th ed. (London: Routledge, 2017).
7. Evidently this is a case of minds running in parallel, as Rodrigue reports being unfamiliar with Mahan's writings. Exchange of correspondence between the author and Jean-Paul Rodrigue, July 31, 2018.

8. Edward N. Luttwak, "From Geopolitics to Geoeconomics: Logic of Conflict, Grammar of Commerce," *National Interest* 20 (Summer 1990): 17-23.
9. For much more, see Toshi Yoshihara and James R. Holmes, *Red Star over the Pacific: China's Rise and the Challenge to U.S. Military Strategy*, 2nd ed. (Annapolis, Md.: Naval Institute Press, 2018), esp. chap. 2, "Economic Geography of Chinese Sea Power."
10. Yoshihara and Holmes, esp. chap. 3, "Strategic Geography of Chinese Sea Power."
11. Bradley A. Fiske, *The Navy as a Fighting Machine*, intro. Wayne P. Hughes Jr. (1916; repr., Annapolis, Md.: Naval Institute Press, 1988), 268.
12. George W. Baer, *One Hundred Years of Sea Power: The U.S. Navy, 1890–1990* (Stanford, Calif.: Stanford University Press, 1994), 236.
13. Fiske, *Navy as a Fighting Machine*, 269.
14. Two sub tenders remain in commission while all destroyer tenders have been retired. "United States Navy Fact File: Submarine Tender (AS)," U.S. Navy Web site, November 20, 2018, https://www.navy.mil/navydata/fact_display.asp?cid=4625&tid=300&ct=4.
15. Franklin D. Roosevelt, "February 23, 1942: Fireside Chat 20: On the Progress of the War," University of Virginia Miller Center Web site, accessed July 21, 2018, https://millercenter.org/the-presidency/presidential-speeches/february-23-1942-fire-side-chat-20-progress-war.
16. Nicholas J. Spykman, *The Geography of the Peace*, ed. Helen R. Nicholl, intro. Frederick Sherwood Dunn (New York: Harcourt, Brace, 1943), 8-18.
17. Alan K. Henrikson, "The Geographical 'Mental Maps' of American Foreign Policy Makers," *International Political Science Review* 1, no. 4 (1980): 498.
18. Alan K. Henrikson, "The Map as an 'Idea': The Role of Cartographic Imagery during the Second World War," *American Cartographer* 2, no. 1 (1975): 19-53.
19. Henrikson, "Geographical 'Mental Maps,'" 498-99.
20. Henrikson, 498.
21. C. Raja Mohan, "India and the Balance of Power," *Foreign Affairs*, July/August 2006, https://www.foreignaffairs.com/articles/asia/2006-07-01/india-and-balance-power.
22. Yoshihara and Holmes, *Red Star over the Pacific*, esp. chap. 2 and 3.
23. J. C. Wylie, *Military Strategy: A General Theory of Power Control* (1967; repr., Annapolis, Md.: Naval Institute Press, 1989), 32-48.

24. Henrikson, "The Map as an 'Idea,'" 19.
25. Hillary Clinton, "America's Pacific Century," *Foreign Policy*, October 11, 2011, https://foreignpolicy.com/2011/10/11/americas-pacific-century/;U.S. Department of Defense, *Sustaining Global Leadership: Priorities for 21st Century Defense*, January 2012, https://archive.defense.gov/news/Defense_Strategic_Guidance.pdf; and Yuki Tatsumi, Ely Ratner, Shogo Suzuki, Edward Luttwak, Wu Jianmin, and Daniel Blumenthal, "Pivot to Asia: 'Why Keep up the Charade?'" *Foreign Policy*, April 22, 2014, https://foreignpolicy.com/2014/04/22/pivot-to-asia-why-keep-up-the-charade/.
26. Spykman, *Geography of the Peace*, 16.
27. Darrell Huff, *How to Lie with Statistics* (New York: Norton, 1954).
28. Alfred Thayer Mahan, *Naval Strategy Compared and Contrasted with the Principles and Practice of Military Operations on Land* (Boston: Little, Brown, 1911), 319.
29. John R. Elwood, "Dennis Hart Mahan (1802-1871) and His Influence on West Point," December 6, 1995, West Point Web site, http://digital-library.usma.edu/cdm/ref/collection/p16919coll1/id/20.
30. Mahan, *Naval Strategy*, 107.
31. See, for instance, Brian R. Sullivan, "Mahan's Blindness and Brilliance," *Joint Force Quarterly* 21 (Spring 1999): 115; and J. Mohan Malik, "The Evolution of Strategic Thought," in *Contemporary Security and Strategy*, ed. Craig A. Snyder (New York: Routledge, 1999), 36.
32. Christopher Bassford, "Jomini and Clausewitz: Their Interaction," edited version of a paper presented at 23rd Meeting of the Consortium on Revolutionary Europe, Georgia State University, Atlanta, February 26, 1993, https://www.clausewitz.com/readings/Bassford/Jomini/JOMINIX.htm.
33. Spykman's term for the intermediate zones separating the "heartland," or a continent's deep interior, from the sea. Managing events in the rimlands to prevent any hostile power or coalition from constituting a threat to North America was an abiding concern for officials and geopolitics experts from the Spanish-American War forward, as the United States emerged from its century of relative seclusion from world politics.
34. Michael J. Green, *By More Than Providence: Grand Strategy and American Power in the Asia Pacific Since 1783* (New York: Columbia University Press, 2017), 87.
35. Mahan, *Influence of Sea Power upon History*, 83.

36. "Treaty of Peace between the United States and Spain; December 10, 1898," Yale University Avalon Project Web site, accessed July 21, 2018, http://avalon.law.yale.edu/19th_century/sp1898.asp.
37. Samuel Flagg Bemis, *A Diplomatic History of the United States* (New York: Henry Holt, 1942), 399, 461-62.
38. Bemis, 508-11.
39. Alfred Thayer Mahan, *The Gulf and Inland Waters* (New York: Scribner, 1883), esp. 1-8; and Philip A. Crowl, "Alfred Thayer Mahan: The Naval Historian," in *Makers of Modern Strategy from Machiavelli to the Nuclear Age*, ed. Peter Paret (Princeton, N.J.: Princeton University Press, 1986), 446.
40. Elting Morison, ed., *Letters of Theodore Roosevelt*, vol. 2 (Cambridge, Mass.: Harvard University Press, 1951), 1276-78.
41. Alfred Thayer Mahan, *The Interest of America in Sea Power, Present and Future* (Boston: Little, Brown, 1897), 39-40.
42. Mahan, 39-40.
43. Mahan, *Naval Strategy*, 132.
44. Mahan, 346.
45. Mahan, *Interest of America in Sea Power*, 41.
46. Mahan, 41.
47. Mahan, 42-45.
48. Mahan, *Naval Strategy*, 111.
49. Alfred Thayer Mahan, "The Isthmus and Sea Power," in Mahan, *Interest of America in Sea Power*, 65-68.
50. "From the King," letter from George III to Lord Sandwich, September 13, 1779, in *The Private Papers of John, Earl of Sandwich*, ed. G. R. Barnes and J. H. Owen, vol. 3 (London: Navy Records Society, 1936), 163-64.
51. Mahan, "Isthmus and Sea Power," 67-68.
52. Mahan, 78-83.
53. Spykman made the allusion between the Caribbean and Mediterranean seas explicit. Nicholas J. Spykman, *America's Strategy in World Politics: The United States and the Balance of Power* (Piscataway: Transaction, 1942), 43-95.
54. Howard K. Beale, *Theodore Roosevelt and the Rise of America to World Power* (Baltimore: Johns Hopkins University Press, 1956).
55. Spykman, *Geography of the Peace*, 23-24.
56. Spykman, 23-24.

57. Mahan, *Interest of America in Sea Power*, 275, 380.
58. Bemis, *Diplomatic History of the United States*, 511.
59. Mahan, *Naval Strategy*, 380-82.
60. Mahan, 380-82.
61. Mahan, *Interest of America in Sea Power*, 288-92.
62. Mahan, *Influence of Sea Power upon History*, 539.
63. Mahan, 539. It is commonplace for even expert commentators to claim that Mahan sets himself absolutely and resolutely against *guerre de course*. It is worth pointing out that he saves this criticism for a footnote on the last page of *The Influence of Sea Power upon History*—and even then he concedes it is important, just not a war-winning strategy in itself.
64. For more on Confederate *guerre de course*, see Tom Chaffin, *Sea of Gray: The Around-the-World Odyssey of the Confederate Raider Shenandoah* (New York: Hill & Wang, 2006).
65. Craig Symonds, *World War II at Sea* (Oxford: Oxford University Press, 2018), 593-94; and James R. Holmes, "Where Have All the Mush Mortons Gone?" U.S. Naval Institute *Proceedings* 135, no. 6 (June 2009): 58-63.
66. Stephen Rosen, *Winning the Next War: Innovation and the Modern Military* (Ithaca, N.Y.: Cornell University Press, 1991), 130-47.
67. Garrett Mattingly, *The Armada* (Boston: Houghton Mifflin, 1959), xiv-xvi. See also "The Course of the Armada and Events in the Channel," BBC Web site, accessed July 23, 2018, https://www.bbc.com/education/guides/z2hbtv4/revision/2.
68. "U.S.-Flag Vessels—MARAD—Maritime Administration," March 20, 2017, Maritime Administration Web site, https://www.maritime.dot.gov/sites/marad.dot.gov/files/docs/commercial-sealift/2846/dsusflag-fleet20180301.pdf.
69. Mahan, *Interest of America in Sea Power*, 198.
70. See, for instance, Mick Ryan, *Human-Machine Teaming for Future Ground Forces* (Washington, DC: Center for Strategic and Budgetary Assessments, 2018), https://csbaonline.org/uploads/documents/Human_Machine_Teaming_Final Format.pdf.
71. Julian S. Corbett, *Some Principles of Maritime Strategy* (1911; repr., Annapolis, Md.: Naval Institute Press, 1988), 107.
72. Corbett, 107.
73. Corbett, 115.
74. Corbett, 114.

75. Corbett, 124, 126.
76. James R. Holmes and Toshi Yoshihara, "Garbage In, Garbage Out," *Diplomat*, January 6, 2011, https://thediplomat.com/2011/01/garbage-in-garbage-out/.
77. Mahan, *Interest of America in Sea Power*, 198.
78. For much more, see James R. Holmes and Toshi Yoshihara, "When Comparing Navies, Measure Strength, Not Size," *Global Asia* 5, no. 4 (Winter 2010): 26-31.
79. Alfred Thayer Mahan, *Retrospect & Prospect: Studies in International Relations, Naval and Political* (Boston: Little, Brown, 1902), 164.
80. Alfred Thayer Mahan, "Retrospect upon the War between Japan and Russia," in *Naval Administration and Warfare* (Boston: Little, Brown, 1918), 133-73.
81. Wolfgang Wegener, *The Naval Strategy of the World War* (1929; repr., Annapolis, Md.: Naval Institute Press, 1989), 96-97.
82. Wegener, 103.
83. Wegener, 103.
84. Wegener, 104.
85. Friedrich Nietzsche, *The Will to Power*, trans. R. Kevin Hill and Michael A. Scarpitti (New York: Penguin, 2017).
86. Wegener, 97, 107.
87. James R. Holmes, "China Fashions a Maritime Identity," *Issues & Studies* 42, no. 3 (September 2006): 87-128.

제 3 장 해군의 역할

1. Frans Osinga, *Science, Strategy and War: The Strategic Theory of John Boyd* (London: Routledge, 2007).
2. Instituting and managing change is a constant theme for Machiavelli, but he holds forth on change in republics and autocracies most pointedly in book 3, chapter 9 of his *Discourses* on Titus Livy's history of Rome. Niccolò Machiavelli, *Discourses on Livy*, trans. Harvey C. Mansfield and Nathan Tarcov (Chicago: University of Chicago Press, 1996), 239-41.
3. Eric Hoffer, *The Ordeal of Change* (1963; repr., Titus, N.J.: Hopewell, 2006). For a summary of Hoffer's views, see James R. Holmes, "A Longshoreman's Guide to Military Innovation," *National Interest*, March 22, 2016, https://nationalinterest.org/feature/longshoremans-guide-military-innovation-15562.

4. "War," writes Carl von Clausewitz, "is nothing but a duel on a larger scale. Countless duels go to make up war, but a picture of it as a whole can be formed by imagining a pair of wrestlers. Each tries through physical force to compel the other to do his will; his *immediate* aim is to *throw* his opponent in order to make him incapable of further resistance. *War is thus an act of force to compel our enemy to do our will*" (emphasis in original). The message from the Prussian master: respect the foe. Carl von Clausewitz, *On War*, trans. Michael Howard and Peter Paret (Princeton, N.J.: Princeton University Press, 1976), 75-77.
5. Henry A. Kissinger, *The Necessity for Choice* (New York: Harper, 1961), 12.
6. Ken Booth, *Navies and Foreign Policy* (London: Croom Helm, 1977), 15-17.
7. Clausewitz, *On War*, 94, 98, 216.
8. James R. Holmes, "'A Striking Thing': Leadership, Strategic Communications, and Roosevelt's Great White Fleet," *Naval War College Review* 61, no. 1 (Winter 2008): 51-67.
9. Sun Tzu, *The Illustrated Art of War*, trans. Samuel B. Griffith (1963; repr., Oxford: Oxford University Press, 2005), 115.
10. Clausewitz offers comfort even to weaker contestants: "Wars have in fact been fought between states of *very unequal strength, for actual war is often far removed from the pure concept postulated by theory*. Inability to carry on the struggle can, in practice, be replaced by two other grounds for making peace: the first is the improbability of victory; the second is its unacceptable cost" (my emphasis). Wise opponents can arrange matters to make victory seem improbable to their foes or its costs unacceptable. If successful, they prevail by default. Clausewitz, *On War*, 91.
11. Edward N. Luttwak, *The Political Uses of Sea Power* (Baltimore: Johns Hopkins University Press, 1974), 10-11.
12. Luttwak, 6.
13. Similarly, Clausewitz observes that commanders can hope to get their way through armed force in peacetime provided the idea of battle is present in all of the stakeholders' minds. If the idea of coercion is present, a contender may attain its goals without actually fighting for them. Combat, it seems, comes in many forms. This concept comes through most clearly in an older translation of *On War*. See Carl von Clausewitz, *On War*, trans. O. J. Matthijs Jolles (New York: Modern Library, 1943), 289-90. Luttwak, *Political Uses of Sea Power*, 11.

14. Luttwak, 11.
15. Luttwak, 11.
16. Luttwak, 6.
17. Luttwak, 14-15.
18. See James Cable, *Gunboat Diplomacy 1919-1991: Political Applications of Limited Naval Force*, rev. 3rd ed. (London: Palgrave Macmillan, 1994).
19. Richard McKenna, *The Sand Pebbles* (1962; repr., Annapolis, Md.: Naval Institute Press, 2001).
20. Kemp Tolley, *Yangtze Patrol: The U.S. Navy in China* (Annapolis, Md.: Naval Institute Press, 1971).
21. Luttwak, *Political Uses of Sea Power*, 28-34.
22. Luttwak, 41-43.
23. Luttwak, 43.
24. In the American context the police power derives from the Tenth Amendment to the U.S. Constitution.
25. Geoffrey Till, *Seapower: A Guide for the Twenty-First Century*, 3rd ed. (London: Routledge, 2013), 282-317.
26. U.S. Department of Defense, *Asia-Pacific Maritime Security Strategy*, 2015, Homeland Security Digital Library, accessed July 25, 2018, https://www.hsdl.org/?abstract&did=786636. The Trump administration has not yet issued such a directive but also has not disavowed the Obama strategy.
27. Robert W. Komer, *Bureaucracy Does Its Thing: Institutional Constraints on U.S.-GVN Performance in Vietnam* (Santa Monica: RAND Corporation, 1972).
28. Victor D. Cha, "Abandonment, Entrapment, and Neoclassical Realism in Asia: The United States, Japan, and Korea," *International Studies Quarterly* 44, no. 2 (June 2000): 261-91.
29. I review these dynamics in more depth in James R. Holmes, "Rough Waters for Coalition Building," in *Cooperation from Strength: The United States, China and the South China Sea*, ed. Patrick Cronin (Washington, D.C.: Center for a New American Security, 2012), 99-115.
30. Eyre Crowe, "Memorandum on the Present State of British Relations with France and Germany, January 1, 1907," in *British Documents on the Origins of the War 1898-1914*, vol. 3: *The Testing of the Entente*, 1904-6, ed. G. P. Gooch and Harold Temperley (London: His Majesty's Stationery Office, 1927), 402-17.
31. Joseph S. Nye Jr., *Soft Power: The Means to Success in World Politics* (New

York: Public Affairs, 2004).

32. David Galula, *Counterinsurgency Warfare: Theory and Practice* (New York: Praeger, 1964), 47-51.
33. Michele Flournoy and Shawn Brimley, "The Contested Commons," U.S. Naval Institute *Proceedings* 135, no. 7 (July 2009), https://www.usni.org/magazines/proceedings/2009-07/contested-commons. The coauthors pay tribute to Alfred Thayer Mahan for popularizing the concept of a marine common.
34. Hal Brands, "Paradoxes of the Gray Zone," FPRI E-Note, February 5, 2016, http://www.fpri.org/article/2016/02/paradoxes- gray-zone/.
35. Sam Bateman, "Solving the 'Wicked Problems' of Maritime Security: Are Regional Forums Up to the Task?" *Contemporary Southeast Asia* 33, no. 1 (2011): 1.
36. Bateman, 1.
37. "U.S. Concerned about Russia's Claim to Northern Sea Route—Pompeo," *Sputnik News*, May 6, 2019, https://sputniknews .com/europe/201905061074756096-us-russia-claim-pompeo/; and "The Sea of Azov, a Ukraine-Russia Flashpoint," Agence France-Presse, November 26, 2018, https://news.yahoo.com/sea-azov-ukraine-russia-flashpoint-114438760.html.
38. Arsalan Shahla and Ladane Nasseri, "Iran Raises Stakes in U.S. Showdown with Threat to Close Hormuz," Bloomberg, April 22, 2019, https://www.bloomberg.com/news/articles/2019-04-22/iran-will-close-strait-of-hormuz-if-it-can-t-use-it-fars.
39. Clausewitz, *On War* (1976 ed.), 94, 98, 216.
40. Clausewitz, 605.
41. B. H. Liddell Hart, *Strategy*, 2nd rev. ed. (1954; repr., New York: Meridian, 1991), 338.
42. Liddell Hart, 332.
43. An excellent secondary account of U.S. grand strategy in the Asia-Pacific is Michael J. Green, *By More Than Providence: Grand Strategy and American Power in the Asia Pacific since 1783* (New York: Columbia University Press, 2017).
44. The term "recessional" comes from poet Rudyard Kipling, who wrote a poem by that name as an elegy for Britain's age of imperial mastery. Rudyard Kipling, "Recessional," July 17, 1897, Kipling Society Website, http://www.kiplingsociety.co.uk/poems_recess .htm. For more on the de facto handover of responsibility for the system, see Kori Schake, *Safe Passage: The Transition*

from British to American Hegemony (Cambridge, Mass.: Harvard University Press, 2017); and Walter Russell Mead, *God and Gold: Britain, America, and the Making of the Modern World* (New York: Knopf, 2007).

45. Nicholas J. Spykman, *The Geography of the Peace, ed. Helen R. Nicholl, intro. Frederick Sherwood Dunn* (New York: Harcourt, Brace, 1943), 24–25.
46. J. C. Wylie, *Military Strategy: A General Theory of Power Control* (1967; repr., Annapolis, Md.: Naval Institute Press, 1989), 34.
47. Harold Sprout and Margaret Sprout, *The Rise of American Naval Power* (Princeton, N.J.: Princeton University Press, 1944), 202–22. See also Margaret Sprout's wonderful essay on Mahan: Margaret Sprout, "Mahan: Evangelist of Sea Power," in *Makers of Modern Strategy*, ed. Edward Meade Earle (Princeton, N.J.: Princeton University Press, 1943), 415–45.
48. Alfred Thayer Mahan, *Influence of Sea Power upon History*, 1660–1783 (1890; repr., New York: Dover, 1987), 79.
49. Julian S. Corbett, *Some Principles of Maritime Strategy*, intro. Eric J. Grove (1911; repr., Annapolis, Md.: Naval Institute Press, 1988), 16.
50. The U.S. Department of Defense defines "joint" as connoting "activities, operations, organizations, etc., in which elements of two or more Military Departments participate." U.S. Department of Defense, *DOD Dictionary of Military and Associated Terms*, June 2018, 123, http://www.jcs.mil/Portals/36/Documents/Doctrine/pubs/dictionary.pdf.
51. Corbett, *Some Principles of Maritime Strategy*, 16. How Corbett phrases this passage has always puzzled me. Why designate "the fear of " what the fleet makes it possible for the army to do as the determining factor rather than what the fleet actually helps the army do in action? This peculiar wording offers a reminder not to treat even classic works as sacred writ. Even the greats make the occasional misstep.
52. Mahan, *Influence of Sea Power upon History*, 365–74.
53. Mahan, 365–74.
54. Alfred Thayer Mahan, *The Influence of Sea Power upon the French Revolution and Empire, 1793–1812*, 2 vols. (Boston: Little, Brown, 1892).
55. Alfred Thayer Mahan, *Sea Power in Its Relations to the War of 1812*, 2 vols. (Boston: Little, Brown, 1905); and Mahan, *Influence of Sea Power upon the French Revolution and Empire*.
56. Quoted in Eric J. Grove, Introduction to *Some Principles of Maritime Strategy*, by Julian S. Corbett (1911; repr., Annapolis, Md.: Naval Institute Press, 1988),

xxix.

57. Frank McLynn, *1759: The Year Britain Became Master of the World* (New York: Grove Atlantic, 2005).
58. Russell F. Weigley, *The American Way of War: A History of United States Military Strategy and Policy* (Bloomington: Indiana University Press, 1973), 21.
59. Corbett, *Some Principles of Maritime Strategy*, 323-24.
60. Corbett, 91.
61. Corbett, 94.
62. Corbett, 115.
63. Corbett, 115.
64. Corbett, 104.
65. Corbett, 102-3.
66. Samuel Eliot Morison, *The Two-Ocean War: A Short History of the United States Navy in the Second World War* (New York: Galahad, 1963), 183.
67. Corbett, *Some Principles of Maritime Strategy*, 234.
68. Corbett, 161-63.
69. Corbett, 158.
70. It is worth pointing out that Chinese Communist Party chairman Mao Zedong fashioned a virtually identical concept of active defense around the same time- and even called it the same thing. Active defense remains the lodestone of Chinese military and maritime strategy to this day. See M. Taylor Fravel, *Active Defense: China's Military Strategy since 1949* (Princeton, N.J.: Princeton University Press, 2019).
71. Corbett, *Some Principles of Maritime Strategy*, 210, 310-11.
72. Corbett, 310-11.
73. Corbett, 310-11.
74. Corbett, 212-19.
75. Corbett, 215.
76. Corbett, 212-19.
77. As indeed they might. Chinese strategists are avid readers of Mahan's works, but they also consult Corbett. James R. Holmes and Toshi Yoshihara, "China's Navy: A Turn to Corbett?" U.S. Naval Institute *Proceedings* 136, no. 12 (December 2010), https://www.usni.org/magazines/proceedings/2010-12/chinas-navy-turn-corbett.
78. Toshi Yoshihara, Testimony before the U.S.-China Economic and Security

Review Commission Hearing on "China's Offensive Missile Forces," April 1, 2015, U.S.－China Commission Web site, https://www.uscc.gov/sites/default/files/Yoshihara%20USCC%20Testimony%201%20April%202015.pdf.

79. Craig Symonds, *World War II at Sea* (Oxford: Oxford University Press, 2018), 85-88.
80. Corbett, *Some Principles of Maritime Strategy*, 132.
81. Larrie D. Ferreiro, "Mahan and the 'English Club' of Lima, Peru: The Genesis of *The Influence of Sea Power upon History*," *Journal of Military History* 72, no. 3 (July 2008): 901-6.
82. Corbett, *Some Principles of Maritime Strategy*, 15-16.
83. Wylie, *Military Strategy*, 22-23.
84. Wylie, 23.
85. Wylie, 25.
86. Wylie, 25.
87. Corbett, *Some Principles of Maritime Strategy*, 60-67.
88. David Gates, *The Spanish Ulcer: A History of the Peninsular War* (Boston: Da Capo, 2001).
89. See, for instance, Headquarters, Department of the Army, Field Manual 3－24.2, *Tactics in Counterinsurgency*, April 2009, https://fas.org/irp/doddir/army/fm3－24－2.pdf; Fred Kaplan, *The Insurgents: David Petraeus and the Plot to Change the American Way of War* (New York: Simon & Schuster, 2013); U.S. Marine Corps, *Small Wars Manual 1940* (Washington, D.C.: Government Printing Office, 1940); and David Galula, *Counterinsurgency Warfare: Theory and Practice* (1964; repr., Westport, Conn.: Praeger, 2006).
90. David C. Evans and Mark R. Peattie, *Kaigun: Strategy, Tactics, and Technology in the Imperial Japanese Navy, 1887-1941* (Annapolis, Md.: Naval Institute Press, 1997), 150-51.
91. Adm. John Richardson, the chief of naval operations from 2015-2019, forbade naval officialdom to use the acronym "A2/AD" to describe China's maritime military strategy. CNO Richardson believes the acronym oversimplifies, connoting a strategy that blocks U.S. forces out of contested zones altogether. There are no absolute no－go zones. For instance, maps of Asia displaying aircraft and missile ranges from Chinese coastlines convey the impression that nothing survives that comes within weapons range. This exaggerates the capabilities of any local defender. Christopher P. Cavas, "CNO Bans 'A2AD' as Jargon," *Defense News*, October 3, 2016, https://www.

defensenews.com/naval/2016/10/04/cno-bans-a2ad-as-jargon/.

92. Arthur Waldron, *The Great Wall of China: From History to Myth* (1990; repr., Cambridge: Cambridge University Press, 2002).
93. I have likened access denial to the "crumple zone" in automobiles, a sacrificial component designed to collapse in a controlled way upon impact —thus shielding the passengers, whose safety is the main concern, from external harm. James R. Holmes, "Visualize Chinese Sea Power," U.S. Naval Institute *Proceedings* 144, no. 6 (June 2018): 26-31.
94. The concept dates to antiquity. For instance, Mahan commented on Syracusan alternatives for inhibiting Athenian maritime access to Sicily in the fifth century BC. Alfred Thayer Mahan, *Naval Strategy Compared and Contrasted with the Principles and Practice of Military Operations on Land* (Boston: Little, Brown, 1911), 223-31. See also Sam J. Tangredi, *Anti-Access Warfare: Countering A2/AD Strategies* (Annapolis, Md.: Naval Institute Press, 2013).
95. I review Mahan's commentary on the fortress fleet and contend that China's military has refreshed the idea and put it into practice. See James R. Holmes, "When China Rules the Sea," *Foreign Policy*, September 23, 2015, https://foreignpolicy.com/2015/09/23/when-china-rules-the-sea-navy-xi-jinping-visit/; and "A Fortress Fleet for China," *Whitehead Journal of Diplomacy* 11, no. 2 (Summer/Fall 2010): 19-32.
96. Theodore Ropp, "Continental Doctrines of Sea Power," in *Makers of Modern Strategy: Military Thought from Machiavelli to Hitler*, ed. Edward Meade Earle (Princeton, N.J.: Princeton University Press, 1943), 446-56.
97. For more, see James R. Holmes, "Great Red Fleet: How China Was Inspired by Teddy Roosevelt," *National Interest*, October 30, 2017, https://nationalinterest.org/feature/great-red-fleet-how-china-was-inspired-by-teddy-roosevelt-22968.
98. On one vision of joint sea power, see Toshi Yoshihara and James R. Holmes, "Asymmetric Warfare, American Style," U.S. Naval Institute *Proceedings* 138, no. 4 (April 2012), https://www.usni.org/magazines/proceedings/2012-04/asymmetric-warfare-american-style; James R. Holmes, "Defend the First Island Chain," U.S. Naval Institute *Proceedings* 140, no. 4 (April 2014), https://www.usni.org/magazines/proceedings/2014-04/defend-first-island-chain; and Andrew Krepinevich, "How to Deter China," *Foreign Affairs*, March/April 2015, https://www.foreignaffairs.com/articles/china/2015-02-16/how-deter-china.

99. Max Weber, *Economy and Society: An Outline of Interpretive Sociology*, ed. Guenther Roth and Claus Wittich, trans. Ephraim Fischoff et al., 3 vols. (New York: Bedminster Press, 1968), 223, 973-93.
100. Komer, *Bureaucracy Does Its Thing*.
101. Andrew F. Krepinevich Jr., *The Army and Vietnam* (Baltimore: Johns Hopkins University Press, 1988).
102. Irving L. Janis, *Groupthink: Psychological Studies of Policy Decisions and Fiascoes* (Boston: Cengage, 1982).
103. Corbett, *Some Principles of Maritime Strategy*, 164, 167.
104. Bernard Brodie, *Strategy in the Missile Age* (Princeton, N.J.: Princeton University Press, 1959), 26-27.
105. Edmund Burke, *Reflections on the French Revolution*, vol. 24, part 3, Harvard Classics (New York: P. F. Collier & Son, 1909-14) accessed at Bartleby.com, https://www.bartleby.com/24/3/12 .html.
106. Andrew Gordon, *The Rules of the Game: Jutland and British Naval Command* (1997; repr., Annapolis, Md.: Naval Institute Press, 2000).
107. Gordon, 155-92.
108. Samuel P. Huntington, "National Policy and the Transoceanic Navy," U.S. Naval Institute *Proceedings* 80, no. 5 (May 1954), https://www.usni.org/magazines/proceedings/1954-05/national-policy-and-transoceanic-navy.
109. "... From the Sea" appeared the same year that political scientist Francis Fukuyama declared an end to political history, contending that all forms of government had been tried out and liberal democracy was best. It is hard not to suspect sea-service leaders were swept up in the triumphalism accompanying the end of the Cold War, just as Fukuyama and many others were. The nature of the Cold War's denouement—complete victory in a global superpower struggle without fighting—may well have exacerbated the problem. Francis Fukuyama, *The End of History and the Last Man* (1992; repr. New York: Free Press, 2006).
110. U.S. Navy and Marine Corps, "...From the Sea: Preparing the Naval Service for the 21st Century," September 1992, U.S. Navy Web site, http://www.navy.mil/navydata/policy/from sea/fromsea.txt.
111. No education in military or political affairs is complete without the ancients. For starters, see Herodotus, *The Histories*, trans. Tom Holland, intro. Paul Cartledge (London: Penguin Classics, 2013); and Thucydides, *The War of the Peloponnesians and the Athenians, ed. Jeremy Mynott* (Cambridge:

Cambridge University Press, 2013).

112. U.S. Naval War College Public Affairs, "Nimitz Diary Unveils Naval War College Legacy of Learning," February 26, 2014, U.S. Navy Web site, http://www.navy.mil/submit/display.asp?story_id=79354.

113. Ernest Hemingway, *Men at War* (1942; repr., New York: Random House, 1982), 8-15.

본 QR코드를 스캔하시면 원서
「A Brief Guide to Maritime Strategy」의
'Index(pp.169–183)'를 열람할 수 있습니다.

저자 소개

제임스 R. 홈즈(James R. Holmes)는 J. C. 와일리 해군참모대학 해양전략 학과장이자 전 미 해군 포병장교로 조지아대학교 공공행정 및 국제협력학과(University of Georgia School of Public and International Affairs) 교수로 재직한 바 있다.

역자 소개

옮긴이 조동연은 1982년 서울 출생으로 육군사관학교 60기 졸업 및 소위로 임관(2004)하였다. 경희대학교 평화복지대학원 아태지역학 석사학위(2011)와 미국 하버드 대학교 케네디스쿨 공공정책학 석사학위(2016)를 받았다. 이후 미국 메릴랜드 대학교 컬리지 파크 국제개발 및 분쟁관리센터 방문학자(2018), 예일대학교 잭슨국제문제연구소 월드 펠로우(2018)를 지냈고, 현재 서경대학교 군사학과 조교수로 재직 중이다.

해양전략 지침서

초판발행 2023년 3월 10일

지은이 James R. Holmes
옮긴이 조동연
펴낸이 안종만 · 안상준

편 집 사윤지
기획/마케팅 손준호
표지디자인 우윤희
제 작 고철민 · 조영환

펴낸곳 (주) 박영사
서울특별시 금천구 가산디지털2로 53, 210호(가산동, 한라시그마밸리)
등록 1959. 3. 11. 제300-1959-1호(倫)
전 화 02)733-6771
f a x 02)736-4818
e-mail pys@pybook.co.kr
homepage www.pybook.co.kr
ISBN 979-11-303-1702-1 93390

정 가 16,000원